Vorwort

Mal ehrlich, wer kennt es nicht, Angst und Sorge, tiefe Verzweiflung, innere Anspannung, das Gefühl einsam, der Welt schutzlos ausgeliefert und verlassen zu sein. Warum gibt es also einen Begriff für all das? Was genau unterscheidet einen Borderlinener vom Nichtborderliner? Wenn ich dies gefragt werde, dann muss ich erst einmal innehalten und spüren. Das ist es wohl, was den Unterschied macht – die starke Intensität des Fühlens – nicht mehr und nicht weniger. Wenn Gefühle so unerträglich werden, dass sie den Verstand lahmlegen, und aus dieser inneren Not heraus Mechanismen kreiert werden, die den Versuch beinhalten, sich wieder unter Kontrolle zu bekommen, und zusätzlich die Stimmungen so rasch wechseln, dass einem fast schwindlig wird oder so langsam wieder gehen, dass die auslösende Situation für Ängste, Frust und Ärger schon lange um die Ecke ist, dann ist es das, was ich an Antworten liefern kann. Aus der Not heraus machte ich mich auf den Weg. Viele Jahre suchte ich im Außen nach innerem Frieden, versuchte meine Umwelt zu modellieren. Dies glückte aus verständlichen Gründen eher nicht. Dann wendete ich mich nach Innen und stieg im Laufe der Jahre immer tiefer zu mir selbst hinab. Heute erkenne ich, dass ich zu mir aufgestiegen bin, mir Auge in Auge gegenüberstehe. Das ist es, was mir inneren Frieden schenkt.

Es ist, als würdest du einen großen Berg besteigen und keinerlei Beschilderungen zeigen dir den geraden Weg hinauf zum Ziel. Hier und da triffst du jemanden, der dir umständlich erklärt, wo lang. Du musst Pausen machen, ständig umkehren und einen anderen Weg suchen. Über riesige Steine und umgefallene Baumstämme klettern, dich vor Gewittern schützen und aufpassen, dass du keinen Sonnenstich bekommst. Irgendwann hast du den Berg dann bezwungen. Plötzlich hast du eine fantastische Aussicht und bekommst zu allem Überfluss auch noch eine frische, kühle Buttermilch dazu, und du weißt nun, was für ein Jammer, du hättest vorher aufgegeben.

1. Kapitel

Ich möchte von Cara erzählen. Ich hoffe, dass es mir so gelingt, meinen inneren Frieden zu finden. Wir haben so viel miteinander erlebt und jetzt ist sie von mir gegangen. Ich habe sie wirklich geliebt. Manchmal hasse ich sie dafür, dass sie sich aus dem Staub gemacht hat. Sie hat sich einfach davongestohlen, ohne Bescheid zu sagen. Aber was hätte sie auch sagen sollen: „So. Ich geh jetzt. Mach ohne mich weiter!"?

Es gibt Dinge im Leben, die sind unlogisch, gehen über meine Auffassungsgabe hinaus. Das war auch Cara klar. Sie hatte akzeptieren müssen, dass das Leben ungerecht sein konnte. Vielleicht ist sie deshalb abgehauen.

Wir haben uns in der siebten Klasse so richtig kennengelernt. Das Erste, was ich von ihr wahrnahm, war naja, etwas lächerlich. Wir sollten damals in der Schule das Buch vorstellen, das wir gerade lesen, um uns so näher kennenzulernen. Als Cara vor der Klasse stand und ihr Buch „Mama, muss ich sterben?" vorstellte, dachte ich nur: „ Ach Du scheiße, wie kann man sowas mit 13 lesen?" Abneigung und Interesse waren von Anfang an die Gefühle, die ich ihr gegenüber empfand. Wir haben uns ziemlich schnell angefreundet und waren seither unzertrennlich. Ich will nicht sagen, dass wir ein Herz und eine Seele waren- eher im Gegenteil. Wir haben uns recht oft gestritten. Aber ich war schon immer der Meinung, dass Konflikte die Beziehung aufleben lassen können. Heute sehe ich das etwas anders, jedenfalls was Cara und ihre Konflikte mit ihrer Welt betrifft.

Cara und ich hatten die erste Zeit viel Spaß zusammen. Ich mochte ihre direkte, freche berliner Schnauze. Sie konnte die Leute ganz schön sprachlos machen. Sie knallte ihre Kommentare so geradeheraus, dass ich immer zuerst schockiert, dann aber jedes Mal beeindruckt von ihrem scheinbaren Selbstbewusstsein war. Ich hätte mich beispielsweise nie getraut zu unserem Englischlehrer: „Sind sie fertig?“, zu sagen, als er sie 3wegen Clownereien im Unterricht anschrie. Ich wäre wahrscheinlich heulend raus gerannt.

Unseren 14. Geburtstag feierten wir im Haus ihrer Eltern zusammen. Nach einer durchgetanzten Nacht, Gläser rücken, Kissenschlacht und einem Besuch eines Nachbarn, der plötzlich mit einer Schrotflinte vor der Tür stand, weil unsere Jungs alles im Dorf angesprüht hatten, was eine glatte Oberfläche hatte, gab es einige unter uns, die am nächsten Tag zum Arzt mussten. Durch das Headbangen zu „Rage against the Mashine“ brauchten wir Halskrausen. Ich amüsiere mich noch heute innerlich, wenn ich daran zurückdenke.

Ja, wir haben wirklich viel zusammen gelacht damals. Je vertrauter Cara mir wurde, desto mehr merkte ich aber, dass sie bei allem Humor gleichzeitig immer recht traurig wirkte. Sie hatte so einen Blick, wenn sie sich unbeobachtet fühlte, der zu sagen schien: „Was für eine jämmerliche, traurige Welt ist das.“ Sie liebte den Regen und das nassgraue Wetter im Herbst. Wir übernachteten oft bei einander. In den letzten Minuten, bevor man einschläft, wurden unsere Dialoge stets von Caras Ängsten und Sorgen in Besitz genommen. In diesen stillen Minuten, wenn der kürzlich vergangene Tag Kopf und Herz einnimmt, sprach Cara häufig von Angst vor dem Leben, Angst vor dem Tod, Angst vor Krankheit, Angst vor Krieg, Angst, Angst, Angst. Ich verstand es damals nicht. Sie hatte in meinen Augen gar keinen Grund, Angst zu haben. Sie hatte eine großartige Familie, die in einem wunderschönen Haus an der Spree wohnte. Ich habe es geliebt, dort zu sein und mit dem Ruderboot „Butterfliege“ herumzufahren. Nein, Cara hatte wirklich keinen Grund, unglücklich zu sein. Das sagte ich ihr auch jedes Mal. Es machte mich ehrlich gesagt auch wütend, denn sie schien sich das Leben selbst schwer zu machen. Anstatt das Leben zu genießen, verschwendete sie Gedanken an tottraurige Dinge, die manchmal zu weit hergeholt schienen. Ich kenne bis heute niemanden, der so oft über das Elend der Welt weinte. Vielleicht wusste sie damals schon, was sich einige Jahre später ereignen sollte. Ich weiß es nicht. Heute tut es mir leid, dass ich sie nie wirklich ernst genommen habe. Aber wer kann schon wissen, was in einem anderen Menschen vorgeht?

Angefangen sie ernster zu nehmen und gleichzeitig zurückzuziehen, habe ich an einem Dienstag im Juli. Wir saßen zusammen mit drei weiteren Kumpels in meiner Küche. Ich dachte, ich sehe nicht recht, als Cara plötzlich ein Messer nahm und sich damit über den linken Arm fuhr. Mir wurde schlecht beim Anblick ihres blutenden Armes. Was sollte das werden? Wir waren alle wie gelähmt. Sie schien sich darüber zu amüsieren. Jedenfalls grinste sie erst und fing eine Sekunde später an zu heulen. Es dauerte eine gefühlte Ewigkeit bis ich mich wieder gefangen hatte und ihr ein Tuch zum Blut stillen holte.

Seit diesem Tag war etwas anders. Cara war mir nun unheimlicher und noch weniger zu greifen, als sowieso schon. Warum sie es tat, hab ich bis heute nicht verstanden. Sie sagte damals, sie wisse es selbst nicht. Erst später, als sie eine Psychotherapie machte, konnte sie erklären, was es mit der Ritzerei in ihren Arm auf sich hatte. Ganz sicher bin ich nicht die Einzige, die nicht nachvollziehen kann, was an Selbstverletzung hilfreich sein soll. Und es muss ja etwas Helfendes haben, sonst würde es niemand tun. Manche Dinge versteht man wahrscheinlich erst, wenn man sie selbst erfahren hat. Dies war jedoch eine Erfahrung, die ich nicht wirklich mit ihr teilen wollte. Ich denke ja, dass sie sich so Aufmerksamkeit verschafft hat. Wir waren nie aufmerksamer als an diesem besagten Tag. Cara war eine „Extreme". Sie brauchte immer mehr als andere, egal ob es sich um Rauschmittel, sportliche Aktivitäten, Wortwahl oder sonst was handelte.

Wenn ich beispielsweise jemanden blöd finde, sage ich blöde Kuh oder im schlimmsten Falle Arschloch oder so. Cara aber war oft gar nicht mehr zu bremsen. Sie schimpfte manchmal über Stunden über einen Menschen.

„Fotze, Drecksschlampe, dreckige Arschlochfotzensau!“, schrie sie dann herum und hatte einen Hass in den Augen, dass es einem kalt den Rücken runterlief. Manchmal dachte ich darüber nach, ob sie wohl auch über mich so sprach, wenn wir uns gestritten hatten. Ja, sie konnte abgrundtiefen Hass empfinden. Gleichzeitig jedoch auch das Gegenteil davon. Das war auch ein Grund, warum ich sie so liebte. Ich habe selten so einen tiefführenden, emotionalen, weichen und romantischen Menschen getroffen, wie sie einer war. Sie konnte unglaublich gut zuhören, wenn es mir oder überhaupt irgendjemanden schlecht ging. Sie verstand es, genau nachempfinden zu können, was in ihrem Gegenüber vorging- jedenfalls so lange es nichts mit ihr selbst zu tun hatte. Cara war Mutter Theresa und Stalin in einer Person.

Leider hatte sie jedoch nur für sich selbst keine rechte Liebe übrig. Sie schnitt sich immer öfter, rauchte Unmengen von Grass, trank oft und viel Alkohol und entwickelte bulemische Züge. Hätte ich damals schon gewusst, was ich heute weiß, dann hätte ich mit absoluter Gewissheit sagen können, dass sie bereits angefangen hatte zu sterben.

Ich war erleichtert und gleichzeitig schockiert, als sie eines Tages in die Psychiatrie eingeliefert wurde. Ich glaube, dass sie das auch selbst wollte, denn sie wurde scheinbar ruhiger, als klar wurde, dass sie nun jemand ernst nahm. Ist das vielleicht ihr Ziel gewesen? Wollte sie nur gehört werden? War die Psychiatrie ein Ort, an dem sie kurzzeitig ausruhen konnte von dem Kampf, den sie mit sich selbst führte? Das denke ich manchmal und dann schäme ich mich, weil ich nicht für sie da war, so wie sie es gebraucht hätte. Vielleicht weil ich mich selbst schützen wollte. Sie war mir oft zu viel. Wer will schon ständig mit Dingen konfrontiert werden, die belastend und ernüchternd sind? Sie forderte nicht nur mich sehr heraus. Wenn ich mich zum Beispiel mit jemand anderen länger unterhielt oder wir einmal zwei Tage keinen Kontakt hatten. Ich konnte die Uhr danach stellen - ich bekam es immer auf ´s Brot geschmiert. Manchmal kam ich mir vor, als wäre ich ihr Eigentum, hätte kein eigenes Leben. Sie wollte mich kontrollieren oder anders, sie wollte ganz sicher gehen, dass ich sie nicht verlasse. Wie grausam muss es sein, wenn ein Mensch so furchtbare Angst vor dem Verlassenwerden hat, dass er immer und ständig alle Aufmerksamkeit auf sein Gegenüber konzentriert, um nicht zu verpassen, wenn es soweit ist?!

So viel wie sie weinte, hätte sie einen kompletten Ozean füllen können und ich möchte nicht wissen, wie oft sie es tat, wenn keiner dabei war. Und ihre Stimmungsschwankungen - das war Wahnsinn. Von einer Minute zur anderen konnte sie, gerade noch lachend, so in Rage geraten, dass man sich oft fragte, wie viele Persönlichkeiten diese Frau eigentlich in sich trug. Am schlimmsten war es, wenn sie verzweifelt war. Das schreiende Weinen habe ich noch immer im Ohr. Es war herzzerreißend. Ohnmächtig fühlte man sich dann und hilflos. Gott sei Dank ist das vorbei.

2. Kapitel

„Cara, Cara, Cara". Uta schüttelte immer wieder den Kopf. Sie wollte oder konnte nicht glauben, dass nun alles vorbei sein sollte. Ich traf sie in einem Cafe´. Ich hatte das Bedürfnis mit Cara´s Großtante zu sprechen, nachdem alles geschah. Durch meine jahrelange Freundschaft mit Cara kannte auch ich Uta schon eine halbe Ewigkeit. Sie ist eine faszinierende Frau und mit ihren 72 Jahren wirkt sie heute immer noch wie Anfang 50. Sie hatte eine wunderbare Rede zu Ehren Caras gehalten. Nun saßen wir bei einem Cappuccino, rührten darin herum und schwiegen. Wie oft die beiden dies getan haben und dabei selig waren, sich zu haben. Uta hatte große Ähnlichkeiten mit Cara, fand ich immer und gleichzeitig auch mit mir. Sie betonte oft, dass das Bewusstsein über das Sein auf diesem Planeten in diesen Zeiten das Leben nicht erträglicher machte. Auch sie hatte das Gefühl, nicht in diese Welt zu gehören. Gegangen ist sie jedoch nie. Ob sie das wohl auch schon einmal in Erwägung gezogen hat?", dachte ich und las noch einmal Utas Abschiedsrede:

„Wie soll ich beginnen, über viele gemeinsame Stunden, Situationen und Erlebnisse mit Dir in den letzten 15 Jahren, zu berichten? Soll ich eine Überschrift wählen? Ich bin Dir und Du mir so nahe, dass mir Dein Name dafür fast zu streng erscheint. Einen anderen gebe ich Dir in meinem Herzen.

Das Nachsinnen über Deine Lebens- und Leidensgeschichte hat mich sehr berührt. Und obwohl wir manche Zeit mit einander verbracht haben, habe ich jetzt erkannt, wie viel von Deinem Leid mir doch verborgen geblieben ist. Aus anfänglicher Sympathie hat sich eine wunderbare Freundschaft mit Dir entwickelt, über die ich sehr glücklich bin. Sie ist geprägt von tiefem gegenseitigem Vertrauen, das bei jedem unserer vielen Gespräche vorhanden war.

Schon als junges Mädchen besuchtest Du mich in dem weit von Berlin entfernten bayrischen Burghausen Du verliebtest Dich in die heile Welt der kleinen mittelalterlichen Stadt. Du wandertest oft auf die Burg und fotografiertest die schönsten Sonnenuntergänge.

Einmal erklärtest Du mit Begeisterung, diese romantische Kulisse würdest Du Dir für Deine Hochzeit wünschen.

Wir machten gemeinsame Spaziergänge und besuchten viele, viele Kirchen. Ich wollte Dir Orte zeigen, wo man zu innerer Ruhe und zu sich selbst kommen und Wunderbares, Schönes nah erleben kann. Natürlich spielten auch meine Empfindungen bei diesen Unternehmungen eine Rolle. Und ich musste mir öfter anhören: „Schon wieder eine Kirche, mir hängt das zum Hals raus.". Aber irgendwie gab es immer wieder einen Grund, beim nächsten Besuch ähnliche Ausflüge zu unternehmen.

Aus dem ersten wurden viele Besuche in Burghausen. Du kamst zunächst mit Freundinnen, dann mit männlichen Begleitern. Sie waren mir willkommen, da sie ein Teil Deines Lebens waren. Und ich habe sie „begutachtet". Deine Freunde waren jung und oft selbst hilfebedürftig. Sie verstanden weder Deine Stimmungsschwankungen noch Deine Unsicherheit und Angst vor Nähe. Sie wussten nicht, was Dich bedrückt und konnten nicht damit umgehen. Sie waren hilflos vor Dir als Mensch. Du warst auf der Suche nach Dir selbst und nach einer entspannten glücklichen Beziehung.

Ich stand manches Mal auch Deinen Gefühlsschwankungen hilflos gegenüber. Du konntest wütend, zornig, zickig, tottraurig, verzweifelt, auch grob sein. Ich verstand nicht immer, warum Du jetzt nicht zum Frühstück kommen konntest oder das Abendessen nicht nach Nase war. Du fühltest Dich oft zu dick. Wir haben über Diäten gesprochen und akupunktiert. Du wolltest nach dem Essen erbrechen und doch nicht. Es waren Deine innere Not, Selbstzweifel, Schuldgefühle und mangelndes

Selbstwertgefühl, die Dich aus Deinem Gefühlschaos nicht raus ließen. Als Du mit schmerzendem Rücken, „Wenn Rücken Trauer tragen" hier warst, haben wir gesalbt, genadelt und viel geredet.

Ich kaufte Dir einmal, als wir gemeinsam in Budapest waren, ein von Dir gewünschtes grünes Minikleid. Du sahst entzückend darin aus. Aber Du trautest Dich nicht, es zu tragen. An einem Abend gingst Du ohne zu essen sehr früh ins Bett. Ich hätte Dir gerne noch einiges von dieser schönen Stadt gezeigt. Es gab keine festgelegten Strategien in schwierigen Situationen. Dem festen Glauben an Dich folgte meinem Handeln. Durch Deine nicht immer leicht ertragbaren Gefühlsausbrüche, hast Du mich aufmerksam gemacht: Du brauchtest Hilfe, Zuwendung, Liebe. Als Du nach einem Telefongespräch, das Du unbedingt führen musstest, tottraurig warst, weil Du Dich nicht genug geliebt gefühlt hattest, konnte ich nur versuchen, Dich zu trösten. Und ich glaube, ich habe Dich öfter gefragt: „Wie kann ich Dir helfen? Was kann ich für Dich tun?". Und manches Mal warst Du verzagt: „Wie soll es weitergehen? Wie lange muss ich noch kämpfen? Habe ich genug Kraft dazu?"

Mit meinen Erkenntnissen wurde mir auch klar, wie wenig ich Dir wirklich helfen konnte. Ich hatte und habe einen unerschütterlichen Glauben an Dich. Damit wollte ich Dich stark machen und Dir Kraft geben, Deinen Weg weiterzugehen und Dich von nichts und niemanden beirren zu lassen. Ob ich ein kleinwenig bewirken konnte?

Und bei einem Deiner Besuche hier, vor nicht allzu langer Zeit, wusste ich es genau: Du bist erwachsen und unabhängig. Du hast es geschafft. Du bist Deinen Weg gegangen. Und durch viele leidvolle Erfahrungen und Erlebnisse hast Du Dich zu einem wunderbaren Menschen entwickelt, dem unverwechselbaren Du. Ich bin sehr stolz auf Dich."

„Puhh". „Was ist?", fragte mich Uta, als ich die Rede von mir wegschob, als könne ich sie so mit mehr Abstand wirken lassen. „Sie wird mir fehlen.". „ Ja. Das verstehe ich sehr gut. Du wirst lernen, ohne sie weiterzuleben. Sie war so unglaublich tapfer. Sie hat ihren Weg durch dieses Leben so mutig durchschritten und jetzt ist es gut. Wir alle haben so viel mit ihr erfahren können – auch über uns selbst - aber leider haben nur wenige das verstanden. Sie war tiefer, weiter als andere in ihrem Alter. Das hat sie oft einsam sein lassen. Ich kenne das so gut, und doch habe ich nie gewagt, so weit zu gehen. Sie war oft unbequem mit ihren Wahrheiten, die sie einem so um die Ohren geschleudert hat. Viele ihrer Familie haben sie oft lieber als krank gesehen. Das war einfacher, als ihre Stärke und kraftvolle Ausstrahlung ernst zu nehmen. Dann nämlich hätten sie ihr auch wirklich zuhören müssen. Wir Menschen sind doch merkwürdig, oder? Wir wollen Wohlstand, Sicherheit, Freude und Spaß, dabei vergessen wir oft, dass das alles seine Kehrseite hat, die nicht ignoriert werden darf. Cara wusste das. Sie hat ein Zeichen gesetzt mit ihrer Entscheidung, ihr Leben loszulassen. Ich kann nicht sagen, dass ich enttäuscht bin. Nein, ich bin unsagbar stolz auf sie." Uta lächelte nun und nahm einen großen Schluck aus ihrer Tasse. Es hatte mir schon immer gut getan, mit ihr zusammenzusitzen und zu reden. Sie selbst hatte es auch nie leicht gehabt. Aber im Gegensatz zu Cara hatte Uta in all ihren 72 Lebensjahren nie wirklich klar die Welt angeschrien. Sie war Ärztin aus Leidenschaft und fand in ihrem Beruf die Anerkennung, die sie in ihrem Privatleben selten erfahren hat. Ich nahm ihre Hand. Lange saßen wir so da und keiner von uns sagte ein Wort.

3. Kapitel

Cara wurde nach drei Monaten Psychiatrie entlassen. Sie wirkte hoffnungsvoll und motiviert, ihr Leben wieder „normal“ zu leben. Wir kauften einen Topf hellgrüne Farbe und strichen ihr Zimmer. Ich war heilfroh, dass sie sich nicht schwarz ausgesucht hatte. Auch ihre Eltern wirkten erleichtert. Am Abend der Entlassung schenkte Cara ihnen ein Bild mit vielen getrockneten Rosenblättern, gepresst und geformt zu einem Blumenstrauß. Sie entschuldigte sich demütig für ihr Verhalten und gelobte Besserung. Die Ärzte in der Klinik hatten ihr gesagt, dass sie unangebracht auf der Station war. Nach ihrer Meinung war Cara ein ganz normales pubertierendes Mädchen. Sie ließ mich oft ihre Tagebücher lesen. Nach ihrem Einschlafen lass ich sie alle. Ich habe sie in meinem Bücherregal fein säuberlich aufgereiht. Hin und wieder lese ich darin. Sie geben mir Aufschlüsse, die nicht immer angenehm sind. Aber es hilft, Cara´ s Entschluss besser zu verstehen, mich daran zu erinnern, was war und was nicht wieder sein soll.

„Ich bin heute um 8.00 Uhr morgens in eine Kinder- und Jugendpsychiatrie gekommen. Ich sitze auf meinem Bett und muss gleich auspacken. Ich weiß im Moment nicht, ob ich hier wirklich sein will. Mama sitzt gerade noch beim Arzt und redet mit ihm. Ich werde hier lange Zeit bleiben und ich hoffe es hilft mir auch. Ich fühl mich irgendwie komisch! Die letzte Nacht habe ich 3,1/2 Stunden geschlafen. Ich bin irgendwie total fertig. Ich habe irgendwie total Angst. Naja, ich denke das ist normal. Lieber Gott, bitte beschütze mich und mach, dass alles gut wird. Ich schreibe wieder.“

„Heute ist Freitag. Es ist 14 Uhr und ich habe gleich ein Gespräch mit Dr. B. Gestern war mir total ätzend zumute. Ich hatte Kopfschmerzen wie sau und ich hab mich total leer gefühlt. Ich mußte heulen und wußte nicht warum. Ich hoffe, ich kriege heute Einzelausgang. Ich will hier heute raus

für 2 Stunden auch wenns nur mit Begleitung geht. Wir hatten gerade Gruppentherapie und es war ganz gut."

„Hi, heute hatte ich mit Frau Dr. N. und meinen Eltern ein Gespräch. Es war total gut. Mal sehen, wie es wird. Beim Abschied hat mich mein Vater gedrückt und geküßt. Ich habe mich wieder total geekelt. Ich mußte dann auch heulen, weil ich mich so erschrocken habe. Das habe ich dann auch Frau N. erzählt, als Papa weg war. Sie meinte, ich soll das nicht überbewerten, ich sei eben in der Pubertät und da sei das so. Sie will mich auch bald entlassen.Ich verstehe mich selbst nicht."

Während ich las, spürte ich ein tiefes, inniges Gefühl für Cara. Es berührte mich sehr, wie sie so haltlos durch die Welt taumelte. „Sach ma, heulst du? Was ´n los?" Bei Cara wusste nicht nur ich nie, warum diese Frau so eine starke Aura hatte. Wenn sie in einen Raum kam, zog sie alle Blicke auf sich. Wenn sie schlecht gelaunt war oder sie etwas bedrückte, merkte man es sofort. Sie konnte ganze Partys ruinieren mit ihren - ich kann es nicht anders sagen - lauten Gefühlen. Vielleicht waren sie auch der Grund, warum sie immer so einen Redebedarf hatte. Sie erzählte so offen und frei von der Leber weg, nahezu jedem Menschen – wollten sie es hören oder nicht – alles, was ihr in den Sinn kam. Und ich meine wirklich alles. Sie lebte einfach in ihren Gefühlen und sprach sie aus, als hätte sie sonst platzen müssen. Das Problem war nur, dass sie mehrere Wahrheiten in sich trug, dabei jedoch nur eine aussprach. So entstand immer ein falsches Bild von dem, was sie zu denken schien. Einmal hat sie zu mir gesagt, ich hätte kein Selbstbewusstsein. Sie hatte ziemlich viel getrunken, so wie sie es in den letzten 13 Jahren oft tat...Das war ein Faustschlag ins Gesicht. Sie kannte mich schon so lange. Sie wusste, wie hart ich es hatte und wie ich mir meinen Respekt erarbeiteten musste, mein Selbstbewusstsein! Aber ich konnte und kann nichts machen. Ich liebte sie einfach zu sehr, um ihr lang böse zu sein. Und wenn ich ehrlich bin, zwischen dem, was ich manchmal dachte und dem, was sie aussprach, lag keine Armlänge.

Cara war nun endlich wieder da. Ich hatte sie vermisst. Ich hatte ihr ansteckendes Gelächter, ihre Nähe vermisst. Sie war so traurig, so leer in den Monaten davor. Sie hatte nur geweint, war unglücklich und ich verstand immer noch nicht, warum genau. Wir gingen weiter zur Schule, hatten Spaß, redeten viel, stritten uns. Alles war wieder wie immer und gleichzeitig anders.

4. Kapitel

Es war ein sonniger Tag als ich mich mit Cara ´s Eltern traf. Wir saßen im Garten, vor uns die Spree. „ Ich bin so glücklich, dass sie es geschafft hat, meine Kleine!", Inge, Cara´ s Mama, weinte. Sie ist eine tolle Frau. Sie lebt und liebt mit und in den Menschen um sie herum. Sich selbst mag sie nicht besonders. Cara war auch so. Inge ist eine herzliche Frau Anfang fünfzig. Sie arbeitet als Familienhelferin und oft, wenn sie so dasaß, hatte ich das Gefühl, sie ist Cara in „jung". Inge saß in einem Stuhl, trank Kaffee, sah traurig aus und gleichzeitig wahnsinnig stark. Sie hat auch diesen Facettenreichtum. Sie ist so charismatisch, so herzlich zu anderen Menschen. Sie lebt so gern für den Augenblick und ist doch von der Zukunft an die Wand gedrückt worden. Oder von sich selbst, so wie Cara, bevor sie starb. Inge schwieg lange, bevor sie mir auf meine Frage antwortete. „Mein liebes Kind", sagte sie schließlich nachdenklich, „Ich nahm ihr Leben wahr mit Tränen, Tränen der Freude, weil sie so eine großartige Kämpferin war und Tränen der Trauer, dass sie dieses Martyrium durchmachen musste. In all den 30 Jahren, frage ich noch immer: Warum? Schuldgefühle beschleichen mich fast täglich: Habe ich nicht auf sie genügend aufgepasst? Habe ich zu sehr den Alltag im Kopf gehabt? Ich könnte noch viele Fragen stellen. Vielleicht gibt es irgendwann eine Antwort darauf. Aber eins weiß ich, so lange ich lebe, habe und werde ich immer zu ihr halten und ihr helfen wo ich kann. Ich habe ihr das gegeben, was ich als liebende Mutter meinem Kind geben kann. Ich habe nicht aufgegeben. Das habe ich richtig gemacht, auch wenn man genügend Fehler aufzählen könnte. Auch ich habe Grenzen, eine Vergangenheit, Eltern, die mich prägten. Ich bin ihr auch sehr dankbar, dass ich durch unsere verzweifelte Situation recht bald meine Ohnmacht spürte und selbst Psychotherapie begonnen habe, die bis heute nicht beendet ist. Dadurch konnte ich mit ihr durch dick und dünn gehen.

Ich bin dankbar und glücklich, dass wir beide die Höllentür verschließen konnten. Ich bin stolz auf sie und liebe sie unendlich." Während sie das sagte, sah sie mich an, als müsse sie mir ihre Worte beweisen. Aber das musste sie nie. Cara hatte mir immer gesagt, dass sie ihre Mutter immer auch als Freundin wahrnahm. Sie hatten eine sehr enge Bindung. Vielleicht auch deshalb weil Inge während der Schwangerschaft gute sechs Monate liegen und starke Beruhigungsmittel einnehmen musste. Kann das eine Bindung zwischen Mutter und Kind vielleicht so eng werden lassen, dass ein Kind die Schmerzen der Mutter austrägt? Vielleicht hatte Cara nur ausgesprochen und gelebt, was Inge in ihrem Leben nie richtig verarbeiten konnte? Helma reichte seiner Frau ein Taschentuch und war sichtlich berührt. Wir schwiegen lange, bevor auch er das Wort erhob. Er sprach nicht oft und viel schon gar nicht. Man hatte immer den Eindruck, er sei mit seiner Arbeit und sich selbst so beschäftigt, dass er um sich herum wenig wahrnahm. Dann wieder konnte er einen total überraschen, mit dem was er sagte, wenn er was sagte. „Als junger Vater hatte ich nicht den Hauch einer Ahnung davon, dass Cara und Maja, dass sie solche Angst hatten, wenn sie als Kinder allein waren. Ich habe es erst später von meinen Töchtern gehört. Da sie abends versorgt in ihren Bettchen lagen, sah ich keinen Grund, warum wir jungen Eltern nicht auch mal ausgehen sollten. Gelegentlich hatten sie übrigens einen Babysitter. Heute würde ich bestimmt kleine Kinder abends nicht mehr allein lassen. Mich lässt der Gedanke nicht los, dass Cara als kleines Mädchen zu Anfang so fröhlich, munter und nach meiner Erinnerung auch angstfrei auf die Welt losging. Relativ plötzlich wurde das anders: sie ging nicht mehr zum Bäcker an der Ecke mit passend Geld in der Hand. Sie fürchtete sich in Krakow am See auf der Terrasse, sie hatte Angst im Kindergarten-Sommerquartier. War der Grund der Betrunkenen-Lärm einmal abends oder ist da mehr zu vermuten?" „Was meinst du damit?", fragte ich vorsichtig. „Ich fühle mich schuldig, dass ich nicht genug für die beiden Mädchen da war, als junger Vater. Nicht nur Cara hat eine Störung entwickelt. Auch Maja ist sehr ängstlich und oft traurig.

Ich kann nur sagen, dass wir alles getan haben, was wir konnten. Vielleicht hätten wir sie öfter loben sollen? Stattdessen haben wir nach dem Leitsatz gelebt: " Kein Tadel ist Lob genug!". Wenn sie eine gute Note nach Hause brachten, haben wir immer gefragt, warum sie nicht sehr gut ausgefallen war. Ich glaube, dass sie dadurch sehr leistungsorientiert durch die Welt gelaufen sind. Das habe ich nicht gewollt. Aber auch ich wurde so erzogen. Kann man nicht immer nur das weitergeben, was man selbst erfahren hat in seinem Elternhaus?" Vermutlich hatte er recht. Cara ging es oft um Schuld. Sie konnte schwer damit leben, dass niemand für ihr Ver – rückt sein die Verantwortung übernehmen konnte. Sie wollte inneren Frieden und hatte sich daraufhin in viele Theorien gestürzt. Eine davon war eben, dass ihre Eltern mit sich zu tun hatten. Wirkten sie doch oft unzufrieden. Jetzt wo Cara nicht mehr präsent war, konnten sie vielleicht viel leichter sagen, was sie an ihrem Kind schätzten und liebten?

„Ich wusste immer, dass meine Cara ihren Weg geht. Als sie klein war, stand sie so fest auf beiden Füßen, dass ich immer dachte, ich brauche auf sie gar nicht so ein Auge haben. Sie ist eine kleine Kämpferin. Maja dagegen tat sich schwerer mit all den Prüfungen des Lebens. Vielleicht habe ich sie unterschätzt, Cara dafür überschätzt. Aber diese Vielleichts bringen uns auch nicht weiter. Es ist, wie es ist." Inge atmete tief und sah auf einmal sehr entschlossen aus. Sie lächelte mich an und nahm meine Hand. „Und du, du bist so eine treue Freundin für meine Kleine. Es ist wundervoll, dass sie dich hatte bei allem, was sie durchgemacht hat." „Ja, ich hoffe es." Ich muss gestehen, dass auch mich Schuldgefühle plagten. Ich hatte immer das Gefühl, nicht genug zu sein. Es war schwer, ihren Ansprüchen gerecht zu werden. Auch ich tat, was ich konnte. Lange war es zu wenig.

5. Kapitel

Es dauerte nicht lange und Cara fiel zurück in ihre alten Muster. Sie ritzte sich nur noch, wenn sie allein war. Der Drang, Aufmerksamkeit zu erregen und Hilflosigkeit bei uns anderen zu erzeugen, wich der zur Sucht gewordenen Selbstverletzung. Immer – so erklärte sie mir einmal - wenn sie sich ungerecht behandelt fühlte, sich über sich selbst ärgerte oder inneren Druck loswerden wollte, schnitt sie sich. Mir war als ihre beste Freundin nicht entgangen, dass ihre Arme frische Schnitte aufwiesen und das nicht selten. Wir redeten nicht darüber. Einmal platzte mir jedoch der Kragen: „Man Cara“, fuhr ich sie an, „ Was ist los mit dir? Du hast doch alles, was du brauchst, um glücklich zu sein. Du hast tolle Eltern, ein Dach über dem Kopf, Menschen, die dich lieben um dich herum. Wieso bist du so?“ „Ich kann die scheiße nicht mehr hören. Ja, ja ich weiß, mein Leben ist perfekt. Wir können gerne einmal unsere Seelen tauschen, dann kannst du vielleicht verstehen, dass gar nichts perfekt ist. Ich fühle mich nicht. Ich bin leer. Mir geht es schlecht. Ich mach das doch nicht extra, man. Ich will nicht ich sein, aber ich muss...“ Daraufhin rannte sie hinaus und fluchte heulend vor sich hin. Immer, wenn sie das tat, fühlte ich mich ohnmächtig. Ich hatte dann Angst vor ihr oder - ich weiß es nicht -.meiner Hilflosigkeit. Cara war so voll Emotionen, dass sie einem um die Ohren fliegen konnten, wenn man nicht aufpasste. Sie war unberechenbar. Ich war erleichtert, als sie sich erneut Hilfe suchte. Wir waren mittlerweile in der elften Klasse. Es dauerte nicht lang, bis Cara diagnostiziert wurde. Ihre Psychologin sprach zuvor mit ihren Eltern. Cara sollte eine Persönlichkeitsstörung haben? Ich fand es merkwürdig, denn so gestört war sie nun auch wieder nicht. Ihr schien es aber zu helfen.

„Borderline- Störung“ hätte das Wort des Jahres 1998 sein sollen, wenn mich jemand gefragt hätte. Cara redete so oft und viel über ihre Diagnose, dass es schon fast so wirkte, als ruhe sie sich darauf aus, krank zu sein. Bei jedem Scheiß, den sie verzapfte – Schulabbruch, Kiffen, Kotzen,

Trinken, Ritzen, Wutausbrüche, emotionale Erpressung – Verantwortung war ein Fremdwort für sie geworden. Nicht sie machte Fehler, sondern das Borderline- Monster steuerte sie. Man, wie mich das genervt hat. Aus dieser Überzeugung heraus und der, das alle in ihrer Umgebung an ihrem Unglück Schuld seien, brach sie immer wieder Freundschaften ab, zog mit noch nicht einmal 18 Jahren aus ihrem Elternhaus aus und auch ich hörte zwei Jahr nichts von ihr. Ich muss gestehen, dass ich diese Auszeit gut gebrauchen konnte. Warum ich sie nicht einfach zum Teufel gejagt habe? Ich habe keine Ahnung. Wenn man ihr Herz einmal gesehen hat, ist es schwer, wieder davon loszukommen. So viel Frau kann ganz schön Angst machen, ist jedoch gleichfalls sehr beeindruckend und liebenswert.

6. Kapitel

„Sie hat mich dazu gebracht, dass ich selbst Psychotherapie gemacht habe." „Cara? Wie meinst du das - dazu gebracht?" Auch Inge hatte das gesagt. Man muss dazu sagen, dass Maja das komplette Gegenteil ihrer Schwester ist. Sie ist eine Meisterin im Verdrängen. Cara schrieb viel über ihre Schwester in ihre Tagebücher. Sie liebte sie sehr. Als Kinder verstanden sie sich nicht besonders gut. Maja war vier Jahre älter. Während Cara schrie, wenn sie etwas belastete, fraß Maja ihren Kummer in sich hinein. Sie verdrängte Dinge gern, während Cara konfrontativ mit für sie schwierigen Situationen umging. Sie wurden als Kinder oft allein gelassen. Wenn sie krank waren oder ihre Eltern am Abend ausgehen wollten, waren sie oft auf sich allein gestellt. „Ich war dann oft mit Cara überfordert. Ich hatte genauso viel Angst wie sie.", hatte Maja gesagt. Ich glaube, dass Maja sehr unter Caras Störung litt. Sie hat sehr zurückstecken müssen, weil Cara sich immer sehr in den Vordergrund schob. Maja hat genauso um Anerkennung und Sicherheit gekämpft. Sie kämpfte leise und geheim. So wurde sie oft übersehen. Das tut mir wahnsinnig leid für sie. Eine gemeinsame Furcht, vor eventuellen Vorfällen mit einem Bekannten der Familie, hat sie zusammengeschweißt. Das schlimme Dinge auch immer etwas Gutes haben.Es fasziniert mich immer wieder.

„Mama und Papa wollten immer, dass ich ein Buch über Borderline lese, mich damit auseinandersetze. Aber ich habe mich immer geweigert. Für mich war das wieder nur eine Entschuldigung für ihr Verhalten. Das habe ich nicht einsehen wollen." Maja saß auf einem Stuhl und kaute an den Innenseiten ihrer Wangen herum. Sie war angespannt. Wir sprechen noch nicht so lang so vertraut mit einander, obwohl auch ich sie schon seit einer Ewigkeit kenne. Früher sagte sie immer gern, wir seinen Freaks mit Cordhosen und Dreck unter den Fingernägeln. Während wir in dreckigen Clubs unterwegs waren, ging sie lieber in Diskotheken. Sie mochte keine tiefgründigen Gespräche. Sie schien sich immer davor gefürchtet zu haben. Daher bin ich überrascht, dass wir nun hier sitzen und so toll mit einander reden können. Vielleicht geht es jetzt besser, weil Cara fort ist? „Man musste immer aufpassen, was man sagt, wie man es sagt, ob man überhaupt etwas zu ihr sagt. Ich war auf der Hut, nichts Falsches zu sagen. Dennoch kam es immer wieder zu Streit. Ich weiß auch noch, dass ich mich im Vergleich zu ihr immer ungerecht behandelt gefühlt habe. Die Tagebücher geben mir in der Hinsicht auch den Beweis. Wenn ich etwas wollte, bekam ich nicht die Aufmerksamkeit. Wollte wenige Minuten später Cara etwas, wurde sofort reagiert und sie erhielt das, was sie wünschte. In meinen Tagebüchern (1989 – 1992) kam Cara immer wieder vor. Aber eher als normaler Bestandteil meines Lebens. Ich hatte vor 20 Jahren ganz andere Probleme. Da erschien Cara für mich eher nebensächlich. Ich glaube danach erst ging der eigentliche Stress los. Es war die Zeit, wo ich erkannte, dass man nur mit Leistung vorankommt, dass man für seinen Erfolg etwas tun muss. Das war sicherlich auch durch die politischen Veränderungen bestimmt worden. Ich fühlte mich selbst enorm unter Druck gesetzt. Wahrscheinlich ging es Mama und Papa ebenso. Schließlich hatten sie ein Haus gebaut, Kredite mussten und müssen gestemmt werden. Und wenn man unter Druck steht, achtet man auch darauf, was der andere tut. Man vergleicht vielmehr miteinander. Da erst ist mir vielleicht auch aufgefallen, wie unterschiedlich Cara und ich auch von unseren Eltern behandelt wurden, wie unterschiedlich wir selbst sind. In der Phase (ab 1993) erschien mir Cara auch als sehr anstrengend. Nichts war richtig. Sie war auch ganz anders als ich. Sie ist vier Jahre jünger als ich und hat zu der Zeit viel mehr ausprobiert als ich, hat viel eher ihre Erfahrungen gesammelt, ging von einem Extremen zum anderen. Genau das, was mich nie gereizt hat. Ich wollte immer die Liebe und Nette sein, bloß nicht auffallen, immer allen alles Recht machen. Sie betrank sich regelmäßig vor Partys. Sie verletzte sich selbst. Sie ging sich übergeben. Sie schrie vor Wut. Woran ich mich auch noch extrem erinnere, war, dass Cara in der Charité war, zu Behandlung von

Essstörung. Ich war sie auch einmal besuchen und war geschockt über die anderen Mädels dort und warum denn Cara dort sei. In der Zeit fing sie an, glaube ich, an sich zu arbeiten und über sich nachzudenken und darüber zu reden. Zeitgleich hat sie aber auch angefangen zu kiffen. Im September 2004 habe ich einen Brief an sie geschrieben. Es war ein Wunsch von ihr, ihre Entwicklung aus meiner Perspektive heraus zu schildern. Den Brief kannst du lesen, wenn du willst. Denn das trifft es, denke ich, ganz gut." Sie schob mir den Brief rüber und schaute ihrem Tee beim Abkühlen zu. Ich begann neugierig zu lesen. Ob es wohl Überschneidungen in der Wahrnehmung der beiden Schwestern gibt? Ich bekam überhaupt das Gefühl; als ich auch Majas Perspektive kennenlernte; dass sie so unterschiedlich niemals waren, wie sie immer gedacht haben.

„Liebe Cara, nun werde ich versuchen, deine Entwicklung zu beschreiben. Es ist eine Herausforderung für mich. Wo fange ich an? Was ist wirklich Erinnerung und was wurde erzählt, woran ich mich eigentlich nicht erinnere? Mama sagte, dass ich mich auf eine kleine Schwester freue. Woran ich mich erinnere, ist, dass Mama immer liegen musste, damit dir nichts passiert. Nächste Erinnerung: Eltern waren aus – wir alleine im Bett – du hast geschlafen – ich bin wach geworden und musste feststellen, das ich alleine bin – habe geweint bis die Eltern nach Hause kamen. Ich kann mich nicht erinnern, ob wir miteinander gespielt haben. Doch... du warst unten auf dem Hof. Aber als du da warst, wolltest du wieder hoch und hattest geschrien, weil du nicht alleine hoch wolltest. Auch alleine Brötchen holen war für dich eine Katastrophe. Da hast du lange gebraucht, bis du dich getraut hast. Ach ja - Schnürsenkel zubinden – das ging gar nicht. Und im Kindergarten hast du immer noch eingepullert. Es tut mir leid – ich erinnere mich nur an negative Dinge. Gibt es auch Positives? Ich traue mich gar nicht weiter zu schreiben. Doch, in Marzahn, wo wir noch zusammen ein Zimmer hatten. Wir sollten schlafen, aber wir haben rum- gealbert, haben „Bert & Ernie" gespielt. Papa kam

rein, gab uns einen Klaps auf den Po. Da erst hast du festgestellt, dass du dich am Kopf gestoßen hast und blutest. Aber – wir hatten viel Spaß, trotz alle dem. In Marzahn ging es, glaube ich, auch los, dass du immer komplizierter wurdest. Deine Freundinnen waren immer nur kurze Freundinnen. Dann aber habt ihr euch wieder vertragen. Es war immer ein Hin und Her. Du sagtest zwar, sie sei deine beste Freundin, aber ein paar Wochen später hast du sie gehasst. Dann gab es da noch einen komischen Jungen in deiner Klasse. Der hat dich wohl belästigt. Du hattest dich deswegen schon gar nicht mehr in die Schule getraut, bis deine Lehrerin davon erfahren hat. Deine schulischen Leistungen waren gut bis mittelmäßig. Du hattest keine Geduld, zu Hause zu sitzen und zu lernen. Dafür war das Tanzen, Jazzdance immer große Sache, warst sogar bei Auftritten. Du hast sogar für eure Klassenparty das Programm geschmissen. Ich glaube mich zu erinnern, dass da auch ne Tanzlehrerin war, die schrecklich war – zu hartes Training – was dir nicht passte. Da lies das regelmäßige Training nach. Ja, ja die Hobbys. Blockflötenunterricht war anfangs super toll, nach einem halben Jahr, keine Lust mehr. Und nun der Umzug ins neu gebaute Haus. Wir beide wollten nicht, hatten wir doch unsere Freunde und die vertraute Umgebung in Marzahn. Du kamst aufs Gymnasium, fandest schnell neue Freunde. Mit den alten Freunden ebbte es langsam ab, da der Weg ziemlich weit war. Mit 16 Jahren hattest du deinen ersten Sex – ein Schock für mich – viel zu früh. Aber du warst immer schon weiter als ich. Sprich, du durftest so lange abends wach sein, wie ich, Mittagsschlaf brauchtest du auch nie,... Wir haben uns immer gestritten, was das Bad putzen anging. Mir gefiel deine Unordnung nicht, habe dich sogar als eklig beschimpft. Das brachte dich natürlich zum Weinen, Heulen, Anfall,... Als ich dann mit Söhnke zusammen war, gab es auch viel Ärger. Er hat dir immer ehrlich seine Meinung gesagt – ziemlich direkt – was dich schockte. Einmal gab es auch eine ernste Auseinandersetzung – es kam zu einer Ohrfeige. Du hast geschrien, was das denn solle. Söhnke schlägt dich...Ich habe mich versucht, zurück zu ziehen, wollte keinen Stress.

Aber das gelang mir auch nicht. Egal, was man sagte – einmal warst du zuckersüß und nett und plötzlich Ausraster, Schreianfälle. In der Zeit ging es auch los, dass du dich geschnitten hast. Das klappte nicht, also war es angesagt, sich regelmäßig zu übergeben. Ging es da nicht auch mit der Therapie los? Ach ja, und das Kiffen. Deswegen warf dich deine Psychologin aus der Therapie, weil du dich nicht an die Regeln gehalten hast – hast doch noch mal gekifft und es ihr erzählt. Du kamst dann in die Charité zu den Essgestörten. Es war schrecklich, da das nicht deine eigentlichen Probleme waren. Dann die Kur – Katastrophe – Besucher, Briefe nicht erlaubt, 22.00 Uhr Bettruhe. Alles Regeln, denen du dich nicht unterordnen wolltest. Also kam es zu einem weiteren Therapieabbruch. Zu Hause war es immer noch anstrengend. Jeder versuchte, dir alles Recht zu machen, nur damit du nicht wieder einen Tobsuchtsanfall bekommst, alle anschreist, dann dich zurück ziehst und jeder ein schlechtes Gewissen bekommt, was er dir denn angetan hätte. Bei den Psychologen gab es immer wieder neue Ideen, was du nun haben könntest. Dann die Idee: Borderline. Plötzlich ein Lichtblick – du warst begeistert, hast es versucht zu erklären. Mama und Papa lasen Bücher darüber, verstanden dich nun besser. Ich wollte nicht. Ich hatte immer das Gefühl, wenn ich das täte, ist es wieder eine Rechtfertigung oder eine Entschuldigung für dich, wenn du wieder ausgerastet bist. Es war ein Freibrief für dein Verhalten. Mama und Papa wollten mich überzeugen, dass ich mich damit auseinander setzen sollte. Ich soll doch Verständnis für dich zeigen. Du bist krank – eine Krankheit, die nicht so einfach, wenn überhaupt, heilbar ist. Im Auto unterwegs zu einer Hochzeit, war wieder irgendetwas vorgefallen. Ich weiß nicht, was der Auslöser war. Du schlugst mit dem Kopf gegen das Fenster, wolltest dir wehtun. Mama und Papa ließen dich in Ruhe. Sie wussten ja, wie sie sich verhalten sollten. Ich war verschreckt, wusste nicht, was ich tun sollte, konnte auch nichts tun. Das machte mir Angst. Irgendwann war dann wieder alles so, als wäre nichts passiert. Ich glaube, in der Zeit hattest du auch das Gymnasium abgebrochen. Ich weiß nicht den Grund – zu schwer, die Lehrer

„scheiße",... Also hast du ein ½ Jahr nichts getan. Du hast sogar schon alleine gewohnt, was für mich in dem Alter gar nicht in Frage kam. Und das nur, weil du mit den Eltern nicht mehr klar kamst. Dann begann deine Fachabizeit. Da ging es los, dass du dich immer mehr in den Griff bekamst. Da hast du aber auch angefangen, regelmäßig und immer mehr zu kiffen. Oder kam das erst später? Mama und Papa waren froh, dass du dein Abi geschafft hast, endlich mal was, was du zu Ende gebracht hast. Das war ich übrigens auch. Ich glaube, mit dem Job bei der Pflegestation und mit Ivan bist du ruhiger geworden. Zumindest ist das mein Gefühl. Da habe ich dich ja nicht mehr so oft gesehen. Aber ich denke, so wie es gerade läuft, geht es dir ganz gut. Jetzt ist es auch kein Problem mehr für mich, dich wieder häufiger wieder zu sehen. Ich bin dem ja ne ganze Weile aus dem Weg gegangen. Denn immer, wenn wir beide bei den Eltern waren, warst du die, die die Aufmerksamkeit bekam. Du hast Witze gerissen, mit Sprüchen alle in Schock gesetzt und dann zum Lachen gebracht. Ich war da Nebensache. Denn ich bin nicht krank, ich funktioniere, bei mir ist alles in Ordnung, brauche keine Hilfe, keine Aufmerksamkeit. Sicherlich kommt dies jetzt auch noch ab und zu vor. Aber oft bin ich mit Mama und Papa alleine, so dass das dann nicht mehr so schlimm ist. So das war's. Ich hoffe, dass ich dir damit helfen konnte. Bitte nehme das nicht zu persönlich und beschwere dich nicht bei mir, warum ich so negativ war. Das ist halt meine Sicht. Und ich sollte ja auch ehrlich sein, was mir nicht leicht fiel. Schließlich musste ich mich ja auch mit mir selbst auseinander setzen. Deine M. [Brief von 2004]"

Das muss furchtbar sein, wenn man ein Geschwisterteil hat, der soviel Aufmerksamkeit einfordert. Ich war froh, dass ich das nicht 24 Stunden täglich erfahren hatte. Maja nahm nach dem Lesen ihres Briefes für mich eine andere Gestalt an. Ich empfand plötzlich wahnsinnigen Respekt für ihren Weg.

„Ich bin froh, dass Cara umgänglicher geworden ist, ich mit ihr klar kam. Für mich war es gut, örtlich von der Familie getrennt gewesen zu sein. So konnte ich meinen eigenen Rhythmus bestimmen, konnte selbst bestimmen, wieviel und was ich mir zumute, musste mich nicht jeden Tag mit meiner Familie auseinandersetzen, konnte vielleicht auch ein wenig zu mir selbst finden. Und so konnte ich dann auch wieder distanzierter die ganze Geschichte mit Cara betrachten. Ich bin zu einem Einzelkämpfer geworden, versuche mir selbst zu helfen und glaube nicht an die Hilfe anderer. Mir ist Familie so wichtig. Aber eigentlich habe ich ein Bild von einer Familie vor mir, was nicht mit dem, wie ich handle, übereinstimmt." „Wie meinst du das?" „So lange andere Hilfe benötigen und sie mich fragen, bin ich da und tue alles, was ich kann. Aber wenn es um mich geht, dauert es verdammt lange, bis ich jemanden um Hilfe bitte. Und dann bin ich auch ganz vorsichtig im Fragen und erwarte nicht zu viel und bin dann natürlich enttäuscht, weil nicht die Hilfe kommt, die ich mir ja doch insgeheim erhofft habe. Das ist das Ergebnis, aus der jahrelangen „Zweiten Geige spielen"" „Ich verstehe... und was meinst du damit, dass sie dich dazu gebracht hat, Psychotherapie zu machen?" Maja schaute eine Weile aus dem Fenster und überlegte einen Moment: „Naja, sie hat mich nicht direkt dazu gebracht. Aber dadurch, dass sie so viele unterschiedliche Therapien gemacht hat und offen darüber redete, hat sie mich davon überzeugt, dass es was bringen muss. Ich habe bei Cara gesehen, dass es ihr geholfen hat. Das hat mir die Hemmungen genommen. Sind wir mal ehrlich, selbst heute noch ist Psychotherapie ja ziemlich vorurteilsbesetzt. Wer dahin geht, kriegt selbst sein Leben nicht auf die Reihe. Cara hat das anders gesehen. Für sie war es eine große Hilfe, zu sich zu finden. Das weißt du ja. Und ich dachte mir, warum soll ich es nicht auch versuchen. Schlimmer kann es nicht werden. Ich gebe zu, dass es unglaublich anstrengend ist, wenn man ständig an schmerzhafte Sachen erinnert wird. Und doch bin ich jedes Mal froh, dass ich wieder etwas loslassen konnte. Nur Geduld braucht man. Das muss ich echt noch üben."

7. Kapitel

Cara und ich trafen uns zufällig auf der Straße, was dazu führte, das wir wieder Kontakt aufbauten. Sie hatte ihr Fachabitur abgeschlossen und eine Ausbildung begonnen. Wir freuten uns beide sichtlich über unser erneutes Zusammentreffen. Sie hatte zugenommen und als ich einen kurzen Blick auf ihren Arm erhaschen konnte, sah ich, dass sie sich ihrer Selbstbestrafungssucht immer noch nicht entzogen hatte. „Es ist schön, dich zu sehen“, sagte ich und es war die Wahrheit. „Was machst du, wo wohnst du, hast du einen Freund?“ „Ich freu mich auch. Ja, ich lebe mit einem tollen Mann in einer Zwei –Zimmer- Wohnung und ich habe ein Schwein, stell dir vor. Es geht sogar aufs Katzenklo. Es heißt Elvis.“ Ich musste lachen. Sie hatte sich wirklich ein Minischwein gekauft. Sie sammelte früher Schweine in allen möglichen Variationen. Schweine sind sehr intelligente Tiere. Sie sind aber auch sehr eifersüchtig und lieben mit Herz und Seele. Es sind treue Tiere mit starkem Hang zur Eifersucht. Ja, das passte zu Cara. Sie schwärmte mit leuchtenden Augen von diesem Mann in ihrem Leben. Jedes Mal hatte sie geglaubt, dass der eine nun für immer ihr Mann sein würde. Wie sehr sie sich nach „ankommen“ sehnte. Meistens klappte es jedoch nicht länger als zwei Jahre. Cara verliebte sich schnell, idealisierte einen Mann, verlor sich in ihm und wurde dann häufig bitter enttäuscht, denn es gibt nun einmal keine perfekten - auf einen zugeschnittenen - Menschen. Es tat mir immer furchtbar leid, wenn sie dies dann erkannte und die Flucht ergriff. Sie verließ die Männer oder tat alles Mögliche dafür, das sie verlassen wurde. Um sich selbst zu trennen, fehlte ihr offenbar oft der Mut. Die Angst vor dem Alleinsein war stärker. Dadurch fabrizierte sie oft unmögliche Szenarien. Zum Beispiel löste sie sich von einem ihrer ersten wirklichen Freunde, indem sie mit seinem besten Freund schlief. Drei Monate lang ging das so, bis sie ihm eines Tages heulend die Wahrheit sagte. Er war natürlich so vor den Kopf gestoßen, dass er sich trennte. Daraufhin wollte Cara ihr schlechtes

Gewissen loswerden und ging weitere sechs oder sieben Monate mit ihm ins Bett. Sie ließ sich alles gefallen, weil sie der Meinung war, sie hätte es verdient, schlecht behandelt zu werden. So oft habe ich damals versucht mit ihr zu reden, aber sie hatte sich so verrannt, dass sie blind war. Sie selbst entschied immer, wenn sie genug bestraft wurde. Da konnte man sich den Mund fusselig reden. Sie wollte sich bestrafen und liebte gleichzeitig den Menschen weiter, der ja trotz der Unterschiedlichkeit ein Mensch war, in den sie einmal verliebt war. Ich liebe es an ihr, dass sie so viel Liebe in sich trägt. Sie hat für jeden Menschen ein Plätzchen in ihrem Herzen; vor allem für die, die ihr Unrecht getan haben. Egal wie schmerzhaft oder tragisch eine Beziehung endete, sie war dennoch von dem Guten in jedem Einzelnen überzeugt.

Wir liefen ein Stück zusammen an jenem Nachmittag und erzählten uns alles, was die letzten 2 Jahre geschehen war. Sie erzählte mir, dass sie eine Verhaltenstherapie begonnen hatte, weil sie wegen einem erneuten; wahrscheinlich wieder halbherzigen; Selbstmordversuch in einer Klinik untergebracht war.

„Mein Marihuanakonsum hatte zu diesem Zeitpunkt bereits eine Dimension erreicht, dass mir jetzt noch schlecht wird, wenn ich daran denke. Ich rauchte bereits vor der Schule zwei und über den Tag bis zu 17 Tüten. Aus Gelassenheit und Entspannung wurden schleichend Angst und Depression. Wieder ging ich aus Angst vor mir selbst in eine Psychiatrie, wo ich drei Tage auf der geschlossenen und 2 Monate in der Tagesklinik verbrachte." „Wie kam es zu dem Selbstmordversuch?", fragte ich besorgt und nahm ihre Hand. „Ich bekam Tavor bei Bedarf von einer Neurologin verschieben" „Was ist das?" „Ein starkes Beruhigungsmittel und Trevilor 150mg. Das ist ein Medikament gegen Angst und Depressionen. Das nahm ich drei Mal täglich." Jetzt schaute sie mich an und sagte: „Mein Bedarf war hoch. Eines Morgens nahm ich alle Tabletten, die ich noch hatte und fuhr zur Schule. Ich weiß noch immer nicht, welcher Teufel mich da geritten hat. Mir ging es wahnsinnig schlecht. Ich wollte weder sterben noch leben. Es sollte einfach aufhören. Verstehst Du? Dieses Gefühl von innerer Leere und Traurigkeit war kaum auszuhalten. Bis zur Schule schaffte ich es noch und wachte im Krankenhaus auf, wo auch meine Mutter schon parat stand. Vielleicht tat ich es aus diesem Grund? Vielleicht wollte ich gerettet werden, wie schon so oft."

Wir schwiegen einen Moment und schauten auf die Spree, die, in der Sonne glitzernd, vor uns lag. „Mein Patenonkel empfahl mir eine Psychologin, die auf Borderline spezialisiert war. Ihre Warteliste war lang und so verging ein halbes Jahr, bis ich einen Therapieplatz bei der bekommen konnte." „So lange hast Du warten müssen?" Krankenkassen und ihr wirtschaftliches Denken werde ich nie verstehen. „ Meine Wohnung gab ich auf und zog heimlich zu einer Mitschülerin ins Betreute Einzelwohnen nach Schöneberg, um nicht mehr allein sein zu müssen. Ich nahm weiter fleißig Antidepressiva und rauchte weiter Tüten wie gewöhnliche Zigaretten. Aber mein Fachabi habe ich erfolgreich abgeschlossen." Der Stolz in Cara´ s Stimme war nicht zu überhören. „ Da ich beschlossen hatte, dass es so nicht weitergehen kann, sagte ich meiner neuen Therapeutin offen und ehrlich, was mich quälte- insofern ich das in Worte fassen konnte. Ich erzählte ihr von meiner Kifferei und meinem Ekel vor Männern. Sie verwies mich auf die Therapieregeln und sagte, ich müsse das Kiffen lassen, wenn ich bei ihr Therapie machen wollte. Wenn das so einfach gewesen wäre, dann hätte ich es getan. Man, fand ich das dämlich von der. Ich wollte herausfinden, ob sie es wirklich fertig bringen würde, mich rauszuwerfen und kiffte auch kurz vor der nächsten Sitzung bei ihr." Das war wieder typisch. Cara testete schon immer gern ihre Grenzen aus. Manchmal hatte ich das Gefühl, dass sie keinerlei Gefühl dafür hatte, wann sie zu weit ging. Sagte man ihr aber klipp und klar, dass sie zu weit gegangen war und verhielt sich auch so, konnte sie das akzeptieren – irgendwann - . Bis ich kapiert hatte, dass ich auch etwas dafür tun kann, dass meine Grenzen gewahrt werden und ihr dementsprechend Ansagen machte, war sie jedoch bereits mehrere hundert Mal drüber gelaufen.

„Sie brachte es fertig. Sie beendete nicht nur die Therapiestunde, sondern die gesamte Therapie mit mir. Ich war außer mir. So gern ich sie provoziert hatte, hatte ich es doch nicht für möglich gehalten, dass sie ernst machen würde. Ich verließ wutentbrannt ihre Praxis und schrie: Ich hoffe, sie wissen, dass sie mich gerade umgebracht haben. Wie konnte jemand so unmenschlich sein? Wieder stand ich ohne Therapeuten da und wusste doch, wie lang es dauern würde, jemand anderen zu finden. Hinzu kam, dass mir die Krankenkasse verkündete, dass ich nun eine Weile auf eine neue Therapie warten müsse, weil es ja zwischen zwei Therapien eine Sperre von zwei Jahren gibt. Dann eben nicht, hab ich zornig gedacht und ärgerte mich gleichzeitig über mich selber. Ich fand dann eine Arbeit als Pflegehelferin in einer ambulanten Pflegestation für psychisch kranke Menschen. Das Elend, dass ich dort teilweise sah, half mir lange Zeit darüber hinweg, dass ich selbst krank war. Tagtäglich wurde ich nun daran erinnert, dass ich ein vergleichbar gutes Leben führe – aber die Leere in mir ist trotzdem nicht weggegangen. Durch meine Hausbesuche bei Alkoholikern, Schizophrenen, Alzheimer Erkrankten habe ich mich als weniger krank gefühlt und das hellte meine Stimmung einfach auf."

Das konnte ich gut nachvollziehen. Auch ich kannte das Gefühl, dass sich in einem breit macht, wenn im Fernseher über Krieg oder Hunger berichtet wird. Plötzlich ist man dankbar für ein Dach über dem Kopf, einen vollen Kühlschrank, die Gesundheitsversorgung in Deutschland, Familie und Freunde. Für diesen einen leider oft nur kurzen Moment vergisst man seinen eigenen Schmerz, der einem plötzlich sehr banal vorkommt. Cara hatte sich also für einen Job entscheiden, der sie nicht nur für einen Moment, sondern täglich daran erinnerte, dass sie es schlechter hätte treffen können. Das beeindruckte mich wieder. Ach, sie war schon toll. Ich war froh, dass wir uns wieder hatten. Allerdings gab es da eine Sache, die sie mir erzählte, die mich schon in Bedrängnis brachte. Ich hatte noch nie etwas von unbedachten, ungeschützten Bettgeschichten gehalten. Mir ist das einfach zu gefährlich. Einen Moment des Glücks zu haben und dabei eventuell sein restliches Leben zu versauen. Cara war schwanger und hatte abgetrieben. „Oh Gott, hast Du denn nicht verhütet?" Cara schüttelte beschämt den Kopf. Dafür hatte ich wirklich kein Verständnis. „War dir denn nicht klar, dass es da um ein Lebewesen gehen kann? Wenn du schon so unbedacht handelst, Cara, kannst Du es doch nicht einfach wieder auslöschen als würdest du eine Bleistiftlinie wegradiert. Das ist doch Wahnsinn." Ich war sauer. Cara starrte mich mit großen Augen an, die sich langsam mit Tränen füllten."

„Ich hatte keinerlei Bezug zu diesem Kind in meinem Bauch. Ich konnte mir nicht vorstellen, Mutter zu sein. Ich bin doch selbst noch ein halbes Kind und Borderlinerin obendrein." Dazu konnte ich nichts sagen. Zu oft schon hatte sie ihre Verantwortung an diese bescheuerte Diagnose abgegeben. Ich konnte es nicht mehr hören. Andererseits tat sie mir plötzlich leid. Sie war kein Unmensch. Sie liebte die Menschen. Sicher hatte sie etliche schlaflose Nächte, die sie nutzte um abzuwägen. Ich beruhigte mich langsam wieder und reichte Cara ein Taschentuch.

„Aber wenn ich schon eine Mörderin bin, dann wollte ich wenigstens bei vollem Bewusstsein mitbekommen, was ich da tue. Meine Tat bestrafte ich damit, dass ich medikamentös abtrieb. Mir war bewusst, dass es nichts gab, was diesen Mord entschuldigte, gleichzeitig konnte ich mir bei bestem Willen nicht vorstellen, eine alleinerziehende Mutter zu sein. Chris – der Vater meines Kindes - liebt mich nicht, er wollte das Kind nicht. Als ich es ihm sagte, bot er mir an, die Hälfte der Abtreibungskosten zu übernehmen. Da war mir einfach klar, ich schaffe das niemals allein. Ich- das Monster- vollgestopft mit Medikamenten, Drogen und Aggressionen. Ich kam für drei Stunden in ein Krankenhaus, wo die Wehen künstlich eingeleitet wurden. Mein totes Kind kam auf dem Weg nach Hause zur Welt. Ich trug es eine Stunde in meinem Slip, bevor ich es, zu Hause angekommen, ins Klo jonglierte. Ich spürte nichts dabei. Ich war betäubt vor Scham, vor Wut, vor Schuld. Etwa drei Monate später ereilte mich dann der Schmerz so übermäßig, dass ich mich wieder in eine Psychiatrie einweisen ließ. „Ich habe mein Kind getötet! Ich habe mein Kind getötet! Ich habe mein Kind umgebracht! , mehr konnte ich nicht denken. Noch immer habe ich Schuldgefühle deswegen. Aber die Angst, ich könne keine gute Mutter sein, war größer als mein Zutrauen zum Leben. Ich konnte es einfach nicht. Verstehst du?“ Ich nahm sie in den Arm. Nein, verstehen konnte ich es nicht, aber nun war es so.

8. Kapitel

„Meine Allerliebste, ich kann sie nur so nennen und dieses Gespräch über sie nur so beginnen... sie ist ein Teil meines Herzens, deshalb tut es so weh, mich an Cara zu erinnern. Zu wissen, dass ich nicht für sie da war, obwohl ich doch immer ganz in der Nähe war." Claudia räusperte sich, warf sich ihren Schal um den Hals und zog sich ihre Jacke an. Ich hatte mich mit ihr zu einem Waldspaziergang verabredet. Claudia war neun Jahre jünger als Cara und dennoch eine ihrer engsten Vertrauten. Oft war ich dabei, wenn die zwei sich trafen. Diese Vertrautheit unter Cousinen habe ich kaum woanders gesehen. Oft machte ich mir Sorgen um Claudia, denn Cara vertraute ihr so viel an, soviel Schmerz und Erkenntnisse, die sie im Laufe der Zeit gewonnen hatte, ohne sich darüber Gedanken zu machen, ob sie ihrer Cousine nicht zu viel zumutete. Naja, das stimmt nicht ganz. Sie machte sich schon Gedanken, aber immer wieder ließ sie los, wenn sie mit Claudia zusammen war. Dieses starke, hübsche Mädchen, die nun eine junge Frau geworden war und in Hannover Innenarchitektur studierte, strahlte so viel Vertrautheit aus, dass Cara sich immer wieder hinreißen ließ, sich alles von der Seele zu reden. Es war herrlich im Wald. Der Tannengeruch, die kühle Herbstsonne und weite Flächen voll saftig grünem Moos luden zu einem ausgedehnten Spaziergang ein. Ich spürte wie Claudia genussvoll die Nase in die Sonne hielt. Auch ich mochte dieses Wetter. Der Herbst lag schon in der Luft, aber der Sommer war noch nicht ganz bereit zu gehen. „Die Nähe zu ihr wie ich sie jetzt spüre – immer, auch wenn wir uns nicht gesehen haben, kenne ich seit etwa zehn Jahren.", setzte sie an, als wäre das Schweigen zwischen dem Loslaufen und dem Ankommen im Wald nicht geschehen. „ Zuvor war sie für mich zwar immer ein Teil meiner Familie, aber doch fern. Cara war groß, wirkte auf mich sehr selbstbewusst, herb und stark, stärker als ich. Ich glaube, oft war sie für mich zu unnahbar, sodass mich Winzigkeiten wie skeptische Blicke ganz schön verunsichert haben, ich fühlte mich ziemlich klein und nicht richtig ernst genommen, ein Kind eben, obwohl ich schon mehr – vielleicht mehr wert sein wollte. Seltsam, ich erinnere mich an eine Situation zu Ostern, noch in Großmamas alter Küche, da hätte sie mich lieber gar nicht begrüßt als mit jenem kühlen Blick." Oh ja, auch ich kannte diese Blicke ziemlich gut. Als würde sie aus einem einzigen verhassten Gedanken bestehen, konnte sie mit einem dieser Blicke ganze Feiern ruinieren. Wie sie das machte, weiß ich bis heute nicht. Manchmal kam sie mir vor, wie eine richtige Hexe, voll Teufeleien, Spuk und Hohn. Ihre Beziehung zu sich selbst war immer auch im Außen erkennbar. Vielleicht war das der Grund, warum viele Menschen sich abwendeten, sie ablehnten. Vielleicht waren sie durch ihre ehrlichen, offenen Gefühlsspiegelungen ja dann selbst aufgefordert, sich mit den eigenen auseinander zu setzen. Oder anders, sie spürten ihre eigene Unsicherheit. Wem gefällt das schon?

Claudia und ich liefen einen schmalen Trampelpfad hinein, der mitten in den sonnendurchfluteten Wald führte, als sie fortfuhr: „Richtig da und tatsächlich mit mir verbunden ist sie für mich also seit zehn Jahren. Die Nähe kam von ihr aus, Cara schrieb mir Briefe. Ich war sehr stolz, dass sie MIR geschrieben hat, sich an mich gewendet und sich mir anvertraut hat. Ich fühlte mich beachtet von ihr, wirklich und mit ihrem Herzen ernst genommen. Die Jahre zuvor – ihre schwersten wie ich heute weiß... - war sie mir zu fern, zu weit weg, zu weit. Mir macht es Angst, so lang nichts von Cara gewusst und gespürt zu haben. Doch dafür ist unsere Beziehung jetzt umso intensiver, besonderer. Und ich schätze sie unendlich!" „Wie meinst du das?" „Naja, ehrlich und tief, selten und besonders für mich. Die ersten ehrlichen und innigen Gespräche werde ich nie vergessen. Bei ihr in den ersten Wohnungen, am Müggelsee beim Entenfüttern, im Goldmannpark...nach und nach bin ich Teil ihres Lebens geworden – so fühlt es sich an, wenn ich heut daran zurückdenke. Ich habe mich immer sehr wohl bei ihr gefühlt, von ihr behütet, obwohl ich im selben Augenblick Angst um sie hatte. Zwischen all den Tagebüchern und

Zigaretten und ihren Schmerzen. Ihre Aura ist so groß, aber sie bedrängt mich nicht. Im Gegenteil, sie nimmt mich mit auf, bringt mich zu besonderen Gedanken und auf den Weg zu mir." „Ja, ich weiß, was du meinst. So geht es mir auch." „Ja, ich habe gelernt, wie wichtig es ist, über die Dinge zu reden, die einem am Herzen liegen. Cara hat mich auf diesen Weg gebracht... Oft war ich unsicher über erstaunliche Ähnlichkeiten und gleiche Gefühle. Zunächst bedrückte mich der Gedanke, sie könnte mir nicht glauben, dass ich häufig ähnlich denke und fühle. Ein langer fantastischer Abend bei Uta – wir saßen zu dritt auf ihrer Bank im Flur – ließen mich und uns in einer eindringlichen Weise unwahrscheinlich viele Gemeinsamkeiten entdecken. Ob sie sich wohl auch daran erinnert hat? Obwohl ich erst verlegen war, ob sie diese ernst nimmt, so weiß ich inzwischen umso besser, dass wir uns im Innern immer verstehen und ich dem Gefühl von Geborgenheit bei ihr immerfort trauen kann. Dieses Gefühl möchte ich auf ewig wahren und auch ihr entgegenbringen. Manchmal bin ich unsicher, ob ich ihr das deutlich genug zeigen konnte, fühlte mich vielleicht zu schwach. Aber ich möchte es schaffen! Ich möchte immer da sein für sie, denn in den vergangenen Jahren, der Zeit in der sie ihre größten Schritte vorwärts ging, hat sie unsagbar viel Kraft und Inspiration auch an mich weitergegeben. Ich habe verstanden, dass ich auf mich achten muss, auf meine Bedürfnisse und mein Inneres Kind. Ich versuche sehr, mir zuzuhören." Mir lief es kalt den Rücken runter. Es rührte mich sehr, wie Claudia über ihre Cousine sprach. Ich verstand jedes Wort, dass sie wählte sehr gut, obgleich man hätte denken können, dass sie wusste, dass man von Toten nicht schlecht reden soll. Es lag viel Wärme und Ehrlichkeit in ihren Worten. Ja, Cara hatte wirklich ein Talent dazu, Menschen zu sich selbst zu führen. Manche nahmen es dankbar und fasziniert auf, manche warfen einen kurzen Blick in ihr Innerstes, ließen dann aber wieder die Finger davon und wieder andere bekamen Angst und blockten ab. Cara war unerlässlich in ihren Versuchen, Menschen an ihren „inneren Schatz" heranführen zu wollen. So nannte sie ihren Lebenssinn: „den inneren Schatz finden" und alles darüber teilen, damit so viele Menschen wie möglich in diesen Genuss kommen konnten. Wir liefen zurück. Es wurde bereits dunkel und es war schon sehr kalt draußen, wenn die Nacht hereinbrach. „Sie ist meine Große die mir zeigte, wie wichtig es ist, nach innen zu sich zu schauen. Und im selben Augenblick wollte auch ich sie immer unterstützen. Das wusste sie! Ich hatte oft Angst um sie. Inzwischen aber vertraute ich ihr, dass sie bewusst machte, was sie tat, inmitten der Fluten von Gedanken."

9. Kapitel

Cara hatte nun die erneute Möglichkeit einer Verhaltenstherapie gegen ihr - ich mag dieses Wort nicht – Störungsbild zu machen. Ich erinnere mich, als sei es gestern gewesen, wir trafen uns nach ihrer ersten Sitzung. Sie sah im ersten Moment entspannt aus und gleichzeitig spürte ich ihre Angst davor, nun wieder täglich hart an ihrem Verhalten und Erleben arbeiten zu müssen. Schon damals erzählte sie mir, dass sie sich nach mancher Therapiesitzung fühlte, als wäre sie gerade 2000m gelaufen. Ich kann es schlecht nachvollziehen, aber wenn sich das wirklich so anfühlte, dann ist mir klar, dass so viele Menschen Angst davor haben, gemeinsam mit einem Therapeuten in den Spiegel zu schauen. Schließlich ist es dann nicht so einfach, „Stop!" zu sagen, um in seiner eigenen Wahrheit bleiben zu können. Die Wahrnehmung erweitert sich dann und unbequeme Einsichten gelangen ins Bewusstsein.

„Hab ihn klipp und klar angelogen mit der Kifferei. Nicht, dass ich wieder zwei Jahre auf ne Therapie warten muss, weil der mich auch rauswirft. Naja...ob das so gut war, keine Ahnung- hab wohl scheiße gebaut". Cara und ich liefen durch den Regen. Was sollte ich dazu sagen? Vielleicht war es gut, vielleicht schlecht. Ich hatte Angst, dass Cara allein nicht loskommen würde vom Gras. Zu lange rauchte sie schon dieses Zeug, genoss es nicht, high zu sein, sondern benutzte es, um sich nicht einsam und unter Druck zu fühlen. Ich gebe auch zu, eine ganze Weile war sie entspannter. Aber als wir uns jetzt nach den zwei Jahren wieder trafen, war sie total ängstlich geworden, fast paranoid. Was sag ich „fast". Sie war es. Da war von Entspannung nicht mehr viel zu spüren. Sie quälte sich mit dem Zeug und ließ dennoch nicht davon ab, obgleich sie fast täglich davon sprach, aufhören zu wollen. Einmal trafen wir uns bei ihr Zuhause, sie wohnte mit zwei anderen Mädels in einer WG. Sie war bekifft. Als ich mich gesetzt hatte, plauderte sie grübelnd los:" Meine Gedanken drängen sofort nach dem ersten Zug ins Tiefe meines Hirns, meiner Seele. Ich fühle die Leere stärker in mir. Ich finde es sonderbarer als sonst, dass ich bin. Ich friere. Eine Schwere legt sich um mich, wie ein kalter Mantel aus Stahl. Zeit ist eigenartig. Man bringt Tag für Tag herum und so gehen die Jahre dahin. Immer mehr Naturkatastrophen stürzen auf uns ein. Jeden Tag könnte etwas passieren. Das alles rückt näher, wenn ich benebelt bin. Klar, dass das kein Spaß macht. Außerdem esse ich dadurch viel mehr. Es ist ja, wie bekannt ist, appetitanregend. Dann geh ich kotzen, um nicht dick zu werden. Ich zittere am ganzen Körper vor Kälte. Meine Gedanken kreisen die ganze Zeit um das Aufhören und wie anstellen. Wenn es klingelt, gehe ich nicht zur Tür, wenn ich nicht weiß, wer kommt, weil ich Angst habe, jemand riecht das Gras und zeigt mich an. Das macht keinen Spaß mehr. Ich will auch nicht mit meinem Therapeuten darüber reden. Ich bin mir sicher, dass mein jahrelanger, täglicher Drogenkonsum seinen Teil dazu beiträgt, dass die Realität von Angst und Grübeleien überschwemmt wird. Ich sehne mich danach, unabhängig von Gras zu sein. Ich hasse es, weil ich weiß, dass es mir schadet."

Cara ließ es tatsächlich – daran hatte ich nicht mehr geglaubt. Eines Morgens warf sie, alles was sie da hatte, ins Klo und spülte es runter. Seither, und das ist jetzt sechs Jahre her, braucht sie das Zeug nicht mehr. Vielleicht veränderte sich in ihren Bedürfnissen etwas, weil sie sich genau ansah, wie sie funktionierte. Ich muss wirklich sagen, dass sie mich immer und immer wieder überraschte. Seither denke ich, dass jeder Mensch es schaffen kann sich zu verändern, wenn er es nur wirklich, wirklich will.

„Montag, 12.10.03

Hatte gerade Therapie und bin ein Stückchen weiter gekommen. Fakt ist, dass ich wie eine durchlässige Membran bin. Ich nehme alles in mich auf- auch Menschen. Dann aber ekelt es mich an, dass sie mir so nahe sind und will sie wieder loswerden. Das ist schon eine komische Sache. Bei meinen Klienten in den Praktika kann ich Distanz wahren. Nach Überlegungen fiel mir auf, dass ich denen kaum etwas von mir erzähle und so fühl ich mich nicht so bloßgestellt. Die Frage ist nun, weshalb ich so einen unheimlichen Drang verspüre, mich so offen darzulegen? Es ist, als könne ich es immer kaum erwarten."

„Montag, 17.10.03

Herr Stiglmayr meint ich sei sauer auf meine Freundin, weil sie weggefahren ist- und wenn ich ehrlich bin, hat er recht. Das konnte ich aber nicht zugeben. Ich bin wütend und könnte kotzen, wenn ich andere Leute sehe, denen das Leben leichter zu fallen scheint als mir, daher blamiere ich sie bis auf die Knochen indem ich sie mir in den demütigsten Situationen vorstelle. Ich demaskiere sie ihm. Interessant. Der pure Neid auf den Schein eines besseren Lebens der anderen spiegelt sich in meinen hass- u. ekelerfüllten Gedanken. So denke ich tief drin in mir, dass meine Freundin mich allein ließ. Heftig! Dabei will ich sie gar nicht so brauchen- im Gegenteil, das macht mich ja so wütend. Is doch scheißegal was Menschen so tun hinter ihrer Tür. Vor allem hat jeder sein Leid zu tragen. Sei doch nicht böse auf sie- sie können nichts für deine Krankheit. Es ist wie es ist- keiner kann das Schicksal beeinflussen. Klar. Man sucht immer einen Schuldigen um alles abladen zu können, aber da es nicht wirklich hilft- fühlt man sich auch nicht besser."

„Dienstag, 18.05.04

Ich lerne Verhaltensanalysen und Gefühlsprotokolle zu schreiben, die mir mehr Klarheit über mein Tun verschaffen sollen. Ich bekomme langsam eine Idee davon, warum ich wie auf was reagiere. Das Verstehen meines eigenen Verhaltens ist der erste Schritt für mich, die Kontrolle über meine übermäßigen Gefühle zurückzugewinnen. Durch die Analyse meines Verhaltens kehrt mehr und mehr Ruhe in mir ein. Ich lerne durch meinen Therapeuten Fertigkeiten kennen, die ich anstelle meiner bisherigen selbstzerstörerischen Verhaltensweisen nutzen kann. Es geht voran – ich bin sehr froh darüber."

„ 23.05.04

Leistungsdruck sehr hoch, Latte werde ich immer höher setzen, wenn ich etwas erreicht habe- Kreislauf Leistung Körper zu kontrollieren= Bulemie, Essen als Ersatz für das Fehlen innerer Nähe zu mir selbst! Kotzen= Leistung bringen.

spirituelle Seite in mir fördern: Improvisationstanz, Körperarbeit, Zen-Buddismus, Yoga, schreiben, Musik> zu wenig von dieser Seite macht mich aggressiv und unzufrieden in dieser oberflächlichen Welt> als Ausgleich für mein inneres Gleichgewicht nötig, um Kraft zu tanken, um Ruhe zu bewahren, Stress aushalten, Leben genießen! Etwas, das nicht auf Leistung aus ist. Abhängigkeit von der Bestätigung zu anderen noch sehr stark ausgeprägt! Frust darüber, Aggressionen, Unbehagen, Gefühl/Angst vor Kontrollverlust, Angst, ohne Taten/Leistung nichts wert zu sein. Drang immer handeln zu müssen, nicht einfach sein zu dürfen. Familienerbe großer Aspekt: andere sind wichtiger als ich- wurde vorgelebt von Mama, Perfektionismus großer Aspekt: wurde vorgelebt von Papa- Seite Verhaltensanalyse: Hab so schnell „gefressen", war wütend, ausgehungert, angepisst, habe geschlungen, die Aggressionen von meinem Freund schlugen mir auf den Magen. Ich wollte alles rauskotzen- wollte alle Gefühle loswerden!

Fertigkeiten bei Spannungen:

- Tiefes Ein- und Ausatmen

- Entgegengesetztes Handeln
- Duschen
- Runde um den Block
- Schreiben

Gefühle nur so stark- meist nicht realitätsnah, vergehen auch wieder. Das muss ich mir immer wieder sagen.“

„12.06.05

Thema- der Emotionsknall in regelmäßigen Abständen: Ich wende Fertigkeiten an, wenn meine Spannung über 70 ist, gehe aber, nachdem die Spannung unter 70 ist, nicht weiter damit um, sondern verdränge die Auslöser und setze mich nicht weiter auseinander. Fazit: es knallt irgendwann. >Gefühlsdoku schreiben, dran bleiben, nicht verdrängen, trotz niedriger Spannung auseinandersetzen“

Cara war sehr streng mit sich. Sie war so motiviert, endlich gesund zu werden, dass sie sich kaum Pausen gönnte. Sie konnte irgendwann nicht mehr ohne einen Blick zwischen die Zeilen zu werfen, durch die Welt laufen. Alles analysierte sie, beobachtete, hinterfragte – manchmal nervte es mich. Sie quatschte jeden voll mit Dingen, die sie bei anderen zu sehen glaubte. Ich bin fest davon überzeugt, dass sie das nicht nur tat, um anderen zu helfen. Sie wollte so krampfhaft gesehen werden und verstanden, dass es manchmal selbst mir peinlich war, wenn sie wieder einmal auf einer Party irgendjemanden von ihrer Diagnose oder dem Verdacht erzählte, der sie schon länger begleitet hat, als ich sie kenne, sexuell missbraucht worden zu sein. Ich hatte oft das Gefühl, dass Cara andere dazu benutzte, sich zu erleichtern. Das fand ich nicht ok und sagte ihr das auch. Sie versuchte mir dann immer zu erklären, dass sie reden müsse, um nicht zu platzen. Auch das konnte ich nachvollziehen, aber es dauerte eine kleine Ewigkeit bis sie begriff, dass sie andere einfach

„überfiel", ohne überhaupt eine Frage darüber zu verlieren, ob es ok ist, darüber zu reden. Ich meine, vielleicht klinge ich jetzt spießig, aber das hat was mit Respekt von Grenzen anderer zu tun, finde ich, den sie Jahre nicht wahren konnte, wollte, wie auch immer. Wenn ich heute daran denke, möchte ich sie in den Arm nehmen und sagen:„ Quälst du dich wirklich so furchtbar, dass du dich so oft es kannst, befreien musst, indem du schreist, redest, weinst? Dann schrei, dann rede, dann weine – ich bin da! Wenn du dich so lebendig fühlst, soll es mir recht sein. Alles ist besser als schneiden, kotzen, verbrennen und saufen."

10. Kapitel

„Was mich so richtig freut ist, dass es ihr jetzt mit sich selbst so gut geht. Das hat sie sich in der Tat selbst erarbeitet!“ Noch nie zuvor war ich in solch einer Praxis für Verhaltenstherapie oder sonst einer psychologischen Einrichtung. Ich hatte einen älteren Herrn mit Schnauzer erwartet, denn „Doktor“ hört sich immer alt an. Caras ehemaliger Verhaltenstherapeut war jedoch relativ jung, freundlich und wirkte recht locker. Das erstaunte mich. Ich kann nicht sagen, warum ich ihn um ein Gespräch bat. Irgendwie, so dachte ich, würde sich eine weitere Seite von Cara zeigen. Er bot mir einen Platz an und schloss die Tür. In dem Zimmer hangen Bilder in warmen Farben. Auf dem kleinen Tisch zwischen mir und seinem Stuhl stand eine Box mit Taschentüchern und ein kleiner Wecker. Ich bat ihn, mir zu erzählen, wie er über die Störung dachte, wegen der Cara bei ihm gewesen war. Er sprach nicht von ihr direkt. Er schien seine Schweigepflicht ernst zu nehmen, was mir doch sehr gefiel.

„Die Borderlinestörung ist eine schwere, chronische psychische Erkrankung, welche zu den Persönlichkeitsstörungen gezählt wird. Der Beginn der Störung zeichnet sich häufig bereits in der frühen Pubertät ab. Als zentrale Merkmale gelten ein durchgängiges Muster von Instabilität im Bereich der Affekte, der zwischenmenschlichen Beziehungen und des Selbstbildes. Die Affekte können sich innerhalb von Sekunden verändern, was von den Betroffenen als nur schwer kontrollierbar erlebt wird.“ „Was sind Affekte?“, ich kam mir etwas dumm vor, aber ich wollte alles genau verstehen, deshalb fragte ich einfach dazwischen. „Affekte nennt man in der Psychologie Gemütsbewegungen, die meist nur von kurzer Dauer sind. Zum Beispiel Wut, Angst, Scham, Freude äußern sich stark wechselhaft – sind also instabil – und treten meist mit körperlichen Begleiterscheinungen wie Atmung, Herzschlag usw. auf.“ „Ah, O. k.“ „Die zugrunde liegenden Emotionen können aufgrund ihrer Stärke häufig nicht differenziert wahrgenommen werden. Stattdessen wird auf Nachfrage von unangenehmen Spannungszuständen berichtet, welche häufig nur mit selbstverletzendem Verhalten oder anderen dysfunktionalen Verhaltensweisen unterbrochen werden können. Im zwischenmenschlichen Kontakt werden Borderline-Patienten als sehr anstrengend beschrieben, im ständigen Wechsel zwischen charmanter Verbindlichkeit und aggressiver Zurückweisung. In vielen Fällen berichten Betroffene zusätzlich von einem Gefühl der Einsamkeit und des Verlassenseins. Therapeuten leben in ständiger Angst eines möglichen Suizids oder anderer folgenreicher Handlungen. Gelegentlich fühlen sie sich gar von ihren Patienten verfolgt, wobei dieser Eindruck umso drängender wird, je mehr der Therapeut sich abzugrenzen versucht. Pläne und Ziele der Patienten unterliegen einem ständigen Wechsel; wobei eine hohe Angst vor jeglichen Veränderungen auffallend ist. Die Eigenwahrnehmung ist von zwei Extremen gekennzeichnet: zum einen einem häufig als sehr quälend erlebten Gefühl der inneren Leere und zum anderen dem Gefühl, voller unterschiedlicher Selbst-Anteile, die völlig unstrukturiert „in einem wüten“, bestimmt zu sein. Für viele Psychotherapeuten gelten Patienten mit einer Borderlinestörung zu den anstrengendsten Patienten überhaupt, empfinden die ständig wechselnden, sich widersprechenden zwischenmenschlichen Botschaften als Eiertanz, den man nur „verlieren“ kann.“ „Was meinen sie mit „verlieren“?“ „Es scheint, als würde alles, was man versucht, das Falsche sein. Therapeuten fühlen sich oft hilflos. Wenn ein Patient selbst nicht weiß, was er gerade braucht, wie soll es dann ein Außenstehender, was der Therapeut ja ist, wissen? „Das leuchtet mir ein, ja.“ „Andere Therapeuten zeigen sich hingegen sehr fasziniert ob ihrer Kreativität, Impulsivität und ihrer Fähigkeit, sich trotz widrigster Umstände dem Leben immer wieder neu zu stellen.“ Das hatte ich auch immer an Cara bewundert. Gerade in den letzten zwei Jahren, bevor sie sich verabschiedet hatte, fiel mir auf, wie wahnsinnig stark und sortiert sie immer wieder in den Ring stieg. „Denken Sie denn, dass Borderline auch etwas mit körperlichen Störungen im Gehirn zu tun haben kann. Ich habe vergessen, wie man das nennt... äm..." „Sie meinen neurobiologisch?" „Ja" Das war das Stichwort. Ich erinnerte, dass Cara sich im Psychologiestudium sehr viel auch für diesen Aspekt interessiert hatte. Wenn auch organisch etwas irreparabel war, konnte sie sich weniger die Schuld geben, wenn sie nicht schnell und weit genug von dieser Störung wegkam. Dr. Stiglmayr schob mir einen Text rüber, der mir Antwort auf meine Frage geben sollte. Ich dankte ihm für das Gespräch und verließ seine Praxis. Ich setzte mich auf die nächste Bank und las: „Neurobiologisch findet sich entsprechend bei intensiven emotionalen Erregtheitszuständen eine zunehmend eingeschränkte Funktionsfähigkeit des Präfrontalen Cortex (z.B. Arnsten 1998). Stattdessen kommt es in Abhängigkeit von der Spannungsstärke zu einer zunehmenden Fokussierung und damit Einengung der Wahrnehmung. Eine differenzierte Bewertung der Situation geht damit endgültig verloren. Es verbleibt ein rationalen Argumenten nicht mehr zugängiges Schwarz-Weiß-Denken. Wo der betreffenden Person in niedrigeren Spannungszuständen noch alternative Betrachtungsmöglichkeiten einfallen, sind diese in hohen Anspannungszuständen nicht mehr abrufbar. Die betreffende Person gerät damit zunehmend in ein Hilflosigkeitsparadigma. Da weder Flucht (flight) noch Angriff (fight) als Handlungsoptionen möglich sind, verbleibt nur noch die Möglichkeit zur Dissoziation (fright; siehe auch Williams & Bracha 2004), die meist mit hohen Spannungszuständen einher geht (Stiglmayr et al. 2008b; siehe auch Gold & Seibel 2009). Da dieser Zustand aufgrund seiner Unkontrollierbarkeit ein unerträglicher bleibt, greifen Borderline-Patienten zu sehr schnell und sehr potent wirkenden Maßnahmen, wie z.B. selbstverletzenden Verhaltensweisen (SVV)."

Ich gebe zu, dass ich manche Wörter nicht kannte, aber ich hatte nun eine Ahnung davon, wie komplex und unterschiedlich die Sichten auf diese Störung sein konnten. Noch deutlicher wurde mir nun, dass Cara auch deshalb studiert hatte. Sie war wirklich eine Fachfrau für ihre eigene

Erkrankung geworden. Sie war einmal auf dem ersten internationalen Borderline Kongress, hatte dafür sehr viel gezahlt, wollte aber die verschiedenen Therapieansätze studieren und alles über Borderline erfahren. Ich weiß noch, wie sie mir erzählte, dass sie innerlich ganz selig war, lief sie doch als Betroffene und gleichzeitig Psychologin dort herum. Ich kann mir richtig vorstellen, dass sie das sehr stolz gemacht hat. Zu recht, wie ich finde.

11. Kapitel

„Ich möchte eine Körpertherapie machen." „Weshalb? Du bist doch in der Therapie, die für Borderline die besten Erfolge erzielt. So eine Körpertherapie ist doch gar nicht von gesetzlichen Krankenkassen anerkannt. Wie teuer wird es sein... 60, 80, 120 Euro pro Sitzung?" Ich stutzte selbst, als ich ihr dies sagte. Ich kannte mich im Bereich Psychotherapie mittlerweile fast so gut aus wie Cara. Wir mussten beide grinsen. Sie konnte oder wollte mir damals keine Antwort darauf geben. Sie sagte nur, dass sie einfach wissen müsse, ob etwas an ihren Vermutungen dran war. Schon als Kind hatte sie gruslige Träume, spielte mit ihren Barbies Zwangsprostitution. Inge hatte mir davon erzählt. Sie dachte damals immer, es sei etwas passiert. Schaute sie dann in Caras Zimmer, spielte diese nur mit ihren Puppen. Cara hatte auch jahrelang Angst, ihr Vater habe sie unsittlich berührt. Sie hatte eine Erklärung für ihren Ekel ihrem Vater gegenüber gesucht. So ein Verdacht muss furchtbar sein – für die ganze Familie. Ich verstand, dass sie dem auf die Spur kommen wollte, was sie seit Jahren mit sich herumtrug. Dr. Stiglmayr hatte eine eventuelle Erklärung für Cara, die ihr damals nicht zusagte. „Ich habe wirklich in mich hinein gespürt, ob das der Fall sein könnte, aber es war nicht stimmig mit meiner Intuition. Ich kann das nicht besser erklären.", hatte sie damals verzweifelt zu erklären versucht. „Er ist der Meinung", erzählte sie weiter, „ dass es öfter bei Borderlinern so eine Vermutung gibt, die jedoch oft nicht nachgewiesen werden kann. Es kann sein, sagt er, dass ich durch den hohen Leidensdruck, den ich verspüre, nach dem Warum forsche, und sich dadurch eben solche furchtbaren Ahnungen im Kopf manifestieren können. Dabei muss es nicht stimmen. Und, glaub mir, ich wünschte, dass er Recht hat. Ich habe meinen Papa so lieb und irgendwie wird es immer zwischen uns stehen, wenn ich da nicht doch noch einmal hinblicke. Mama kennt einen Körpertherapeuten, der auf sexuellen Missbrauch spezialisiert ist. Da werde ich noch einen

Versuch machen. Vorher werde ich keine Ruhe haben." Auch in ihren Beziehungen hatte sie Probleme mit ihrer Sexualität. Sie brauchte immer recht lange, um sich wirklich jemandem vertrauensvoll hinzugeben, oder sie hatte kurze Kontakte, in denen sie jedoch Liebe und Anerkennung. Ich hatte ihr einmal vom Sex mit meinem Freund vorgeschwärmt, da verzog sie nur angeekelt das Gesicht. „Aber vielleicht hast du nur das Männerbild deiner Mama übernommen? So hasserfüllt, wie sie immer über sie spricht." „Vielleicht. Aber ich bin mir sicher, sie meint es nicht so. Ich glaube, sie mag sich einfach selbst nicht besonders. Ich habe mir meine Selbstakzeptanz jetzt jahrelang erarbeitet und gleichzeitig geht dieses fiese Gefühl nicht weg, dass mir was Schlimmes passiert ist in einer Zeit, in der ich noch keine Worte dafür finden konnte, weil ich zu klein war. Es muss ja auch keine Handgrifflichkeiten gegeben haben. Es reicht ja vielleicht, dass ein Typ sich vor mir einen runtergeholt hat oder so." „Du, mach was du für dich tun musst, um ganz gesund zu werden." Sagte ich damals und sie weinte und dann heulte ich mit ihr. Je länger wir mit einander waren und je offener wir mit einander sprachen, desto näher kamen wir uns. Ob sie es wohl auch so empfunden hat? Wenn ich jetzt ihre Tagebücher über die Zeit ihrer Körpertherapie lese, läuft mir ein Schauer über den Rücken und dann wieder finde ich es irgendwie schräg, fraglich, surreal, ja, manchmal auch etwas verschoben, wenn ich ehrlich bin. Aber das Wunderbare war, dass Cara von Woche zu Woche, Monat zu Monat irgendwie geerdeter wirkte. Es ist schon verrückt, was so alles – und sei es noch so banal – der menschlichen Seele hilft, ihre Flügel auszubreiten.

„14.2.2005

Mein Verhaltenstherapeut hat mich darin unterstützt, im Hier und Jetzt stabiler zu werden. Ich spüre, dass ich nun bereit bin, mich an meine Vergangenheit zu wagen, ohne zu wissen, was mich erwartet. Die erste Sitzung lief fast ohne Worte ab. Ich weinte 45 Minuten lang. Was heißt weinen, ich heulte wie ein kleines Kind. Mir liefen die Rotze und der Speichel aus dem Gesicht. Ich schluchzte, schrie nach Mama, schaukelte hin und her, zog an meinen Haaren, wusste nicht wohin mit meinen Fingern, sie verkrampften sich und machten was sie wollten. Ich zitterte wie Espenlaub und atmete wunderbar tief. Was hier passiert, ist anders als in der Verhaltenstherapie. Ich erreiche durch Bewegungen, dem Zulassen von Weinkrämpfen und dem Nachspüren meines Schmerzes, der durch meinen Körper spricht, nicht durch Worte beschrieben werden braucht, eine tiefere Ebene meiner Seele. Wie eine Zwiebel arbeite ich mich immer weiter zum Innersten vor. Hier sind nun nicht mehr der Verstand und die darin verankerten Gedanken von vorrangiger Bedeutung, es geht vielmehr um das Zulassen von Schmerz ohne diesen begründen oder verstehen zu müssen.

„21.4.2005

4. Körpertherapie gerade gehabt, hab mich gesehen. Hab mich als kleines Mädchen gesehen, wie ich im Keller von einem Mann mit dem Kopf an sein Genital gedrückt werde. Ich fühlte, wie dieses dicke Ding meinen Mund ausfüllte, wie sehr ich es gern loswerden wollte. Mein Therapeut Rob sagte, ich soll weglaufen: ich lief 3 Stufen aus abgetretenen Backstein nach oben, öffnete eine alte wacklige Tür, stand in der Sonne, lief aber nicht weg. Rob sagte: Geh mit deinem jetzigen Alter zu dir und umarme dich, tröste das Kind! Ich ging zu dem kleinen Mädchen drückte es, es weinte und fragte es, was passiert sei. Das Mädchen zeigte mit dem Finger zur Kellertür. Ich lief in den Keller und sah den Mann, wie er gerade seine Hose zumachte. Ich ging zurück zu dem kleinen Mädchen -

das war ich - und umarmte mich wieder. Denn als ich dem Mann gegenüberstand schaltete sich mein Kopf ein und ich überlegte wer ist es, wer ist es! Daher sollte ich zu mir zurück! Ich nahm die Kleine auf den Arm und sah mich um. Ich kannte diesen Ort. Es war der Hof von einem Bekannten meiner Eltern. Das kleine Mädchen drückte sich an mich, presste sein Gesicht an meine Brust und sah so ängstlich aus. Die Augen waren so ängstlich, kläglich, traurig - meine Augen. Ich hatte einen Kurzhaarschnitt, wie als Kind, sah mich ganz deutlich vor mir und weinte real als ich mich tröstete. Eine heftige Situation. Ich soll es versuchen aufzumalen. Ich komme näher und näher und stehe dem aufrecht gegenüber. Es ist verrückt. Ich werde gesund werden! Ich werde wieder leben können- auch meine Sexualität! Ich bin mir sicher! Werde frei wie ein Vogel sein und stark werden im Ganzen!" Cara konnte wunderschön in Worte fassen, was sie fühlte. So konnte ich mir immer gut vorstellen, was sich in ihr abspielen musste. Als ich sie einmal kurz vor ihrem Tod fragte, wie es sich anfühlt, wenn sie meint, sie sei endlich angekommen, überlegte sie eine ganze Weile und flüsterte dann: „Es ist, wie kurz nach einem Wadenkrampf, wenn der Schmerz nachlässt, jedoch noch nicht ganz und gar verschwunden ist."

„28.4.2006

Wir sind weiter in die Materie vorgedrungen. Er hat mich auf eine Drechslerbank im Keller gelegt. Sagte: „ Nu komm, zier dich nicht so. Ich denke, du willst mal ne Frau werden!" Ich sagte: „ Nein!" Er: „ Ich wusste, dass du nein sagst! Aber dann kannst du nicht üben und alle deine späteren Männer finden dich schlecht! Versuchs doch mal! Ich kann dich nicht raus lassen, bevor du es nicht versucht hast!" Registriere nicht, was dort passiert ist. Will es vergessen, hab keinerlei Emotionen. Als ich die Augen öffne, fühle ich Leere, mein Gefühl ist tot. Ich muss aufs Klo, würge 5-6x, gehe zurück in den Raum! Soll mir vorstellen ich gehe als Erwachsener in den Keller und töte den Mann bevor er dem Kind, bevor er mir was tun kann. Ich drücke ihn an die Wand, mache kurzen Prozess mit ihm...wieder und wieder... Das Kind nehme ich auf den Arm und trage es aus dem Keller! Wir setzten uns auf eine Bank- ich sitze auf meinem eigenen Schoß und sage zu mir: „ Du hast mich gerettet, du hast mich gerettet!“ Dann werde ich immer unruhiger, aggressiver- Rob sagt ich soll im Raum umherlaufen. Ich laufe, bemerke, dass ich mein Becken nicht spüre. Mein mittlerer Bereich ist taub, tot! Rob sagt das ist der erste Schritt, um wieder Leben in meinen ganzen Körper zu bekommen- bemerken, dass er leblos, taub ist! Seit Jahren habe ich mein Kind, mich selbst eingesperrt, damit es die Klappe hält, nichts sagt, mich vergessen lässt! Ich muss es freilassen und mein Verstand weigert sich, zu groß ist der Schmerz, der zu Tage treten würde! Ich schiebe Rob weg- er stemmt sich gegen! Ich schiebe, heule bitterlich und kann nicht mehr stillstehen. Meine Füße, Hände verkrampfen, meine Beine zittern so! Rob sagt, dass es die Lebensenergie ist, die durch meinen Körper fließen will, aber nicht kann, weil ich mich taub geschwiegen habe! Die Energie sammelt sich also außerhalb der Mitte meines Körpers und verursacht dieses verkrampfte Zappeln. Ich hab mich so geschämt Rob zu erzählen, was ich gesehen habe! Ich schäme mich, obwohl ich gar nichts gemacht habe! Rob sagt der Drang zu schneiden kann in dieser Phase wieder stärker werden, ich soll drauf achten und es mit Schreien, Bewegungen verhindern! Ich hab es aufgebrochen. Was geschieht hier mit mir? Ist das Wahrheit oder bilde ich mir das alles nur ein? Konnte ich so verdrängen, dass ich solch eine Ungeheuerlichkeit erlebt habe? Will ich nur Frieden und meine Fantasie geht mit mir durch? Aber welche Mensch könnte sich so etwas Furchtbares ausdenken und wozu? Was sich da in meinem Kopf abspielt, übersteigt meine logischen Erklärungsversuche. Ich verstehe nicht, was da vor sich geht. Rob hat gesagt, dass es hier nicht darum geht, zu verstehen, was da passiert. Es geht darum, dass mir als Kind offenbar sehr wehgetan wurde und dass es wichtig für mich ist, diese Schmerzen zuzulassen, um sie bearbeiten zu können. Niemand könne wissen, so meint er, ob es sich bei meinen Einblicken in meine Seele auch tatsächlich so abgespielt haben muss. Das werde ich womöglich auch nie erfahren. Wichtig sei es, mich selbst in meinem Gefühl ernst zu nehmen und die kindliche Seele in mir durch meine Liebe wieder glücklich zu machen. Mir selbst zu begegnen empfinde ich als erstaunlich, doch es macht auch irgendwie Angst. Ich bin erschrocken, wie schlecht es meinem inneren Kind noch immer geht. Rob hat mich letztens gefragt ob ich es gerechtfertigt fände, wenn man Kinder misshandelt. Ich war erbost über diese Frage und verneinte sofort. Rob strich mit der Hand über meinen vernarbten Arm und sagte: immer wenn du dich schneidest, tust du aber genau das mit deinem Kind. Ich bin richtig erschrocken. Er hatte Recht damit. Seit Jahren habe ich mir selbst geschadet und fortgeführt, was andere vermutlich in frühester Kindheit an mir verbrochen haben- was auch immer das war. Rob hat mir aufgetragen, mir nun regelmäßig selbst zu schreiben, um den Kontakt zu mir selbst wieder herzustellen und ihn dann zu festigen. Das ist wichtig, so sagte er, um ohne Abhängigkeiten von außen zurechtzukommen und das Leben lieben lernen zu können."

Je öfter ich diese Zeilen von Cara las, desto logischer war für mich die Wirkung, doch ich habe nie versucht mir selbst zu schreiben. Cara nahm ihre Aufträge immer sehr ernst und schrieb sich selbst fast täglich. Über ihre Erlebnisse in Trance sprachen wir damals überhaupt nicht. Cara war so fasziniert von den Antworten, die sie aus ihrem Inneren bekam, dass es keine Rolle mehr zu spielen schien, dem Mann aus dem Keller auf die Spur zu kommen. Sie hat mir Tagebücher voller dialogischer Monologe zu sich selbst hinterlassen. Die Anfänge lese ich besonders gern, weil aus einem inneren Kind auf einmal eine ganze Horde von inneren Anteilen mit Cara zu sprechen begann:

„5.5. 2006

Hallo! Ich habe bisher noch nicht bewusst mit dir gesprochen. Es scheint mir jedoch wichtig zu sein, Kontakt mit dir aufzunehmen. Hörst du mich?

- Ja, ich höre dich sehr gut und freue mich, dass du mit mir sprechen willst. Du fehlst mir!

Wie geht es dir? Kann ich etwas tun, damit du dich nicht so allein fühlst?

- Ja, sprich immer mit mir. Hör mir zu, wenn ich dir was sagen möchte. Oft habe ich solche

  Angst vorm einsam sein, verletzt werden, und meinem tiefen Kummer.

Es ist o.k., dass du Ängste hast. Es tut mir leid, dass es so ist. Wovor genau hast du Angst?

- Ich bin so schrecklich allein. Fühle mich nicht sicher.

Aber du kannst dich sicher fühlen. Die Zeit in der ich dich mit Füßen getreten habe, ist vorbei. Ich will öfter hinhören, was du mir sagst und dich beschützen.

- Ich hoffe es. Allein kann ich nicht stark sein. Ich brauche dich zum überleben.

Ich weiß. Ich brauche dich auch, um unbeschwerter zu sein, ausgelassener, froh und stark.

- Aber wenn ich nicht stark bin? Hasst du mich dann wieder?

Nein, niemals mehr will ich dich hassen. Ich bin nur immer so überfordert mit deiner Wut, Trauer, Hass, Liebe. Du fühlst von allem immer so intensiv. Erstickt es dich nicht manchmal?

- Doch, weil ich allein bin. Du musst mich beschützen.

Das werde ich ab heute, das verspreche ich dir hiermit. Mach dir keine Sorgen. Alles findet sich. Ich bin bei dir. Ich beschütze dich. Vertraust du mir?

- Das ist schwer. Ich will erst mal warten, ob du hälst, was du versprichst. Ich will dir gern vertrauen. Ich fürchte aber, dass du mich wieder hängen lässt.

Das versteh ich. Gib mir eine Chance, es besser zu machen! Bleib bei mir, verkriech dich nicht. Hilf mir, dich bedingungslos zu lieben.

- Wie kann ich das?

Das weiß ich auch nicht so richtig! Du bist so viel ruhiger geworden. Das hilft schon sehr. Jetzt bin ich dran, für dich da zu sein. Du hast Recht. Du kannst mir nicht helfen. Ich will dir helfen. „

„6.5.2006

Guten Morgen. Wie geht es dir heute?

-Ich bin froh, dass du fragst. Ich dachte schon, du fragst nicht.

Kann ich irgendetwas für dich tun?

-Ja, hör mir zu. Kümmere dich um mich".

„Morgen Mädels. Zwischendurch hab ich Widerstand gespürt, euch kennen zu lernen, mich euch anzunähern! Habt ihr eine Idee, warum das so ist?

- Bist eben verletzt, weil wir dir sagen was du von uns hälst, du uns nicht leiden kannst- meistens jedenfalls

Ja, das kann gut sein. War auch wirklich heftig, das so klar zu hören. Wollen wir loslegen?

- Klar. Wir warten schon lange drauf. Was willst du wissen?

Ok. Dann fangen wir mal bei leichten Dingen an. Was ist eure Lieblingsfarbe?

- Rot

Warum?

- Rot ist die Farbe der Liebe

Was denkt ihr, brauche ich zum glücklich sein?

- Uns auf deiner Seite

Aber wie stelle ich das an?

- Vergib uns unsere Schuld

Was für eine Schuld denn?

- Verletzungen, Grenzüberschreitungen, die wir anderen zugefügt haben

Aber habt ihr nicht in erster Linie euch geschadet?

-Nein, das warst du! Du willst/ wolltest uns vernichten, weil du denkst, wir hätten kein Recht auf der Welt zu sein.

Das kann gut sein. Naja ok, das denke ich oft. Warum?

-Weil du deinen Platz in dieser Welt noch nicht gefunden zu haben glaubst. Du vertraust uns nicht, traust uns nicht viel zu- das kränkt uns

Aber ihr seit doch großartig. Ich finde es toll, wie ihr was bewegt, euch in der Welt zurecht findet, die kleinen Dinge genießen könnt und immer ein Auge auf die habt, die schwächer sind und bedürftiger als ihr.

-Das letzte stimmt nicht!

Nein? Warum?

-Wir saugen die Liebe auf, die du uns über andere gibst. Warum machst du solche Umwege und gibst uns das, was wir brauchen nicht direkt?

Weil ich irgendwie nicht kann

-Warum nicht? Was haben wir dir getan?

Ihr habt nie was gemacht, was ich von euch erwartet habe. Das hat mich genervt.

-Na das ist ja prima. Sei wie ich will und zur Belohnung bekommst du Liebe. Sei anders und ich kann dich nicht leiden, oder wie?

Es tut mir leid, aber ja, so habe ich lange gedacht. Ihr seid Schuld, dass mich keiner lieb hat.

-Hm...denkst du das immer noch?

Manchmal, aber eigentlich nicht mehr, nein

-Und uneigentlich?

Auch nicht, denn ich habe gespürt, dass ihr gar nicht so schlecht seid... im Gegenteil. Ich hab euch total lieb. Ab und zu bin ich total wütend auf euch, weil es so aufreibend ist, euch zu bändigen

-Warum willst du uns denn bändigen? Lass uns doch, wie wir sind verdammt noch mal! Das muss doch möglich sein!

Das möchte ich doch auch tun. Ich weiß nur noch nicht recht, wie!

-Der Anfang ist gemacht! Wir machen das schon- zusammen

Ok. Danke, dass ihr mir noch eine Chance gebt.

-Danke dir, dass du endlich echtes Interesse an uns zeigst. Bis morgen?

Ja, bis morgen"

„7.9.2006

Ich habe so viele Gedanken im Kopf. Tut mir leid, wenn ich nicht ganz bei euch bin, Mädels. Bin so aufgeregt.

-Das merken wir. Warum eigentlich? Genieß doch mal. Ertränk uns nicht im Alkohol, ok?

Ich dachte, da bin ich euch immer viel näher?

-Nee, nicht direkt mit uns. Im Gegenteil- du bist näher bei den Menschen um dich herum.

Merkwürdig! Ich dachte, ich bin näher bei euch? Aber nüchtern bin ich ja auch oft nicht bei euch!

-Ja, das stimmt. Das haben wir ja schon mal festgestellt. Wird ja jetzt anders ☺

Ja, wird es. Fühlt sich gut an, bei euch zu sein. Das beruhigt ungemein. Versteh gar nicht, warum mich das so ängstlich gemacht hat.

-Weil wir Fremde für dich sind. Vor Fremden hast du häufig Angst.

Ihr nicht?

-Nö, wir sind stark und brauchen uns nicht verstellen oder anpassen, denn wir sind fantastische, liebenswerte Menschen, die Fehler haben wie jeder andere auch.

Das ist beneidenswert- ich bin stolz auf euch. Also soll ich mich einfach entspannen?

-Auf jeden Fall. Alles wird gut gehen und seine Richtigkeit und Wichtigkeit haben. Vertrau uns. Wenn du uns mitnimmst, geben wir dir auch Ruhe."

„3.2. 2007

Bist du nicht die, die immer Angst vor Jungen und Männern hatte?

Kannst du mir sagen, warum?

-Weil die mich in Ruhe lassen sollen

Und warum?

-Weiß nicht

Mach dir keinen Druck, mir zu antworten. Ich spüre deine Verzweiflung. Ist alles gut jetzt. Dir kann nichts mehr zustoßen...wir passen jetzt alle auf dich auf und ich besonders. Schön, dass du wieder mit mir redest."

12. Kapitel

„Danke, dass sie sich Zeit für mich genommen haben Herr Bennett." „Kein Problem, aber bitte, sag Rob zu mir." Als wir den großen Raum in seiner Praxis betraten, überkam mich ein mulmiges Gefühl. Hier hatte Cara also mit seiner Hilfe in ihre Seele geblickt und viele Tränen gelassen. In der Mitte des Raumes lag eine Matratze und war mit einem Spannbettlaken bezogen. In diesem Raum befanden sich viele Kissen, jedoch kein Stuhl oder Tisch. Es hatte ein bisschen was Esoterisches. „ Du bist wegen Cara hier. Am Telefon sagtest du, du möchtest gern wissen, wie ich gearbeitet habe mit Cara." Ich nickte und setzte mich, wie auch er, auf eines der riesigen grünen Kissen im Raum. „Wo fange ich am besten an? Cara kam, wie du ja weißt, mit der Diagnose einer Borderline-Persönlichkeitsstörung zu mir. Sie beschrieb lange sehr klar, wie ihr diese Diagnose half, ihre Probleme zu begreifen. Ich jedoch neige in meiner Arbeit dazu, Diagnosen zu ignorieren. Ich kategorisiere die psychischen Störungen nicht, sondern versuche jeden meiner Klienten als ein einzigartiges Individuum mit dessen individuellen Stärken und Schwächen zu akzeptieren. Jeder hat ihr oder sein eigenes Potential und ihr oder seine eigenen Gründe, dieses Potential nicht umzusetzen. Wenn man die Literatur studiert hat, die das Borderline-Syndrom behandelt, könnte man am Versuch verzweifeln, mit diesen Menschen zu arbeiten, besonders mit jenen mit Essstörungen. Viele Therapeuten halten solche Klienten für extrem schwierig, sogar für unheilbar. Meiner Ansicht nach kann ein gewisser Grad der Heilung immer unter den richtigen Bedingungen erzielt werden. Während eine gänzliche Heilung sehr selten ist, kann eine partielle Genesung bereits für viele ein Segen sein. Dass Cara mich als Verbündeten akzeptierte, war von großer Bedeutung in der äußerst erfolgreichen Therapie, der sie sich unterzog. Weißt du, in meiner therapeutischen 30 jährigen Berufspraxis, bin ich unglaublich vielen verschiedenen Gründen begegnet, warum Menschen eine Therapie machen. Ich wurde mit vielerlei Symptomen und deren Ursprüngen konfrontiert und mit scheinbar endlosen Variationen von Bewältigungsstrategien. Aber wenn es darum geht, wie die Klienten in der Therapiesituation reagieren, dann zeigen sich für mich nur drei klar definierte Gruppen. Da sind zunächst diejenigen, bei denen es, wohl durch einen großen Leidensdruck oder aus einem starken Ehrgeiz heraus, Fortschritte zu machen, bisweilen einer Intervention bedarf. Man könnte sie die „Gehetzten" nennen. Sie sind „überreif" für eine Therapie und tendieren dazu, sich übereilt in einen tiefen Prozess zu stürzen, was sie aus der Fassung bringen und auch gefährlich schnell Veränderungen hervorrufen kann." „Das verstehe ich nicht. Man kann zu schnell gesund werden?" „ Es gibt Dinge, die so schmerzhaft für einen Menschen sind, dass es vorerst einer Stabilisierung bedarf, um ohne Überforderung des eigenen Körpers, der eigenen Seele Veränderungen herbeizuführen. Das braucht Zeit – mal mehr, mal weniger – es kommt darauf an, wie weit jemand mit sich selbst ist. Eine andere Gruppe sind diejenigen, die, obwohl sie bereit sind, sich einer Therapie zu unterziehen und somit auch einer Veränderung, sich derart vor den möglichen Veränderungen fürchten oder an ihren Mustern festhalten, dass sie sich selbst kaum Flexibilität ermöglichen. Sie könnte man als die „Zauderer" bezeichnen. Um Fortschritte machen zu können, bedürfen sie einer ständigen Rückversicherung und einer vorsichtigen Begleitung. Sie sind harte Arbeit für den Therapeuten. Die verbleibende Gruppe besteht aus denjenigen, die zwar „reif" für eine Therapie sind, aber weder „Gehetzte " noch „Zauderer" sind. Sie gehen in ihrer eigenen Gangart vorwärts und machen kreativen Gebrauch vom Hilfeangebot des Therapeuten. Für sie ist es relativ einfach, ihre Wünsche auszudrücken und sie sind fähig, klar zu sagen, was sie tun oder nicht tun wollen. Mit ihnen zu arbeiten ist im Allgemeinen eine Freude. Cara gehörte ganz eindeutig dieser Gruppe an. Von Anfang an, konnte sie klar ihre Bedürfnisse und Grenzen formulieren. Während ihrer Arbeit mit mir konnte sie die Therapiesituation in vielerlei Hinsicht zu ihrem Vorteil nutzen. Trotz ihrer Probleme hat sie sich eine positive Haltung ihrem Leben gegenüber zueigen gemacht. Viele

Menschen, die auf der Suche nach einer Therapie sind, haben unterschiedliche Gründe hinsichtlich ihrer ernsten Zweifel darüber, ob ihr Leben lebenswert ist. Das impliziert nicht immer, dass für sie der Suizid eine Option ist – tatsächlich ist dies selten der Fall – aber sie haben nicht das klare „Ja" zum Leben. Die allgegenwärtige Frage, ob der Kampf die Anstrengung wirklich wert ist, macht den Fortschritt in der Therapie und mit der daraus resultierenden Veränderung sehr schwierig. Obwohl Cara niemals die Tatsache erwähnte, dass sie sehr bewusst ihr Ja zum Leben gegeben hat, war ich mir dessen intuitiv bewusst. Ohne Rücksicht auf ihre Gefühle, und es gab viele Zeiten, in denen sie sich wirklich schlecht fühlte, schien sie immer davon überzeugt, dass sie es durchstehen würde." Ich freute mich, dass Rob Cara so erlebt hatte, wie ich es tat. Es beeindruckte mich mit welcher Ruhe er dort auf seinem Kissen saß. Ich verstand nun, was Cara oft versucht hatte, mir zu beschreiben. Er strahlte in einer unerklärlichen Art und Weise eine Wärme und Kraft aus, die ansteckend war.

„Was hat es mit ihren inneren Dialogen auf sich?" „Als Cara begann, sich mit den verschiedenen Seiten ihres Charakters zu identifizieren und einzulassen, berief sie ihre „Mädels". Einige ihrer und vermutlich auch deiner Freunde befürchteten, dass sie damit einen gefährlichen Weg eingeschlagen hat, der ihren Zustand verschlechtern könnte. Die Problematik einer multiplen Persönlichkeitsstörung, auch als Bewusstseinsspaltung bekannt, ist schwere Kost für die Außenwelt. Wir sind jedoch alle multiple Persönlichkeiten. Die menschliche Beschaffenheit ist eine voller Gegensätze und Widersprüche. Wir können in einem Moment liebevoll sein und im nächsten garstig. Die unzähligen Aspekte unserer Persönlichkeiten werden nur dann zu einem Problem, wenn sie sich aufspalten; wenn sie sich selbständig machen, werden sie unterdrückt und zerfallen. Eine solche Spaltung ist ein Bewältigungsmechanismus, der sich gewöhnlich als ein Resultat eines schweren sexuellen, physischen oder psychologischen Traumas in der

Kindheit entwickelt hat. Ein Trauma über Jahre hinweg wiederholt erfahren, könnte durch die dadurch entstehende Verdrängung von Erinnerungen und damit verbundene Gefühle eine Veränderung der Persönlichkeit verursachen. Diese „Persönlichkeiten" wieder heraus aus der Tiefe des Unbewussten zu heben, scheint die logische Heilmethode für traumatisierte Individuen zu sein." Ist das die Grundlage deiner Arbeit bei Cara gewesen?" Rob nickte: „Es ist zu vermuten. Es existieren viele Bücher, die vom „Inneren Kind", was in bestimmten Zirkeln ein Schlagwort wurde, handeln. Das Kind, das wir alle einmal waren, ist einer der wichtigen Aspekte unserer Persönlichkeit und, wenn dieses Kind misshandelt wurde, tendieren wir dazu, nicht nur die damit verbundenen Erinnerungen und Gefühle zu verdrängen, sondern auch unser kindliches Verhalten. Sich mit dem inneren Kind zu vereinen und es letztlich anzunehmen, kann sehr heilsam im wahrsten Sinne des Wortes sein – eins werden. Viele Workshops bieten verschiedene esoterische Praktiken an und behaupten, den Teilnehmern zu helfen, ihre verlorenen oder verschütteten „Seelenanteile" zurück zu gewinnen. Vom Hindu-Gott Shiva wird gesagt, er habe 108 Erscheinungsformen. So wie die Hindus ihre Götter eher als Symbole und weniger als wirkliche Existenzformen wahrnehmen, sehe ich in dieser alten Symbolik eine große Weisheit. Die Gottheit spiegelt die Mannigfaltigkeit der menschlichen Beschaffenheit wider." „Aha, ich verstehe." „Cara wurde keinesfalls von mir angetrieben, die vielfältigen Aspekte ihrer Persönlichkeit, die sie als ihre „Mädels" beschreibt, aufzudecken. Zuerst wurde sie sich ihres inneren Kindes bewusst, wie du vermutlich weißt. Dann begann sie, die anderen zu entdecken. Ich ermunterte sie, den Kontakt und den Dialog mit ihnen aufzunehmen; ihr Unbewusstes zu erforschen und den anderen zu ermöglichen hervorzukommen. Sie schienen ihr in schwierigen Situationen Hilfe zu leisten und ihr Zuflucht zu bieten, einen sicheren Ort des Nachsinnens, wo sie hingehen und Kraft schöpfen konnte, um den Stürmen des Lebens zu trotzen. Ich bin überzeugt, dass ihre Fähigkeit, ihre „Mädels" zu entdecken, den Kontakt zu ihnen aufzunehmen und sie schließlich anzuerkennen und zu integrieren, in ihrer Therapie mit mir von größter Bedeutung war. Dies half ihr, Selbsterkenntnis, Selbstakzeptanz bis hin zu Selbstvertrauen und Wertschätzung zu entwickeln. Entscheidend für diesen Prozess war, glaube ich, die Art, wie es mit der Entdeckung, der Akzeptanz und der Pflege ihres inneren Kindes begann. Ich hoffe, dass ich dir mit meinen Ausführungen etwas helfen konnte. Alles Gute für dich." Rob lächelte mich an und ich reichte ihm die Hand. Als ich die Tür gerade schließen wollte, fügte er noch etwas hinzu, dass ich als sehr ehrlich empfand: „Es freut mich sehr, dass ich von dir gebeten wurde, mit dir über sie zu sprechen. Es ist ein Privileg und ich schätze es sehr. Ich möchte noch betonen, dass ich meinen Anteil an Caras Heilung für gering halte. Ich war nur einer der Menschen, die ihr auf ihrem Weg helfen konnten. All diese Menschen leisteten einen Beitrag zu dem, was und wer sie geworden ist, aber natürlich war die bei weitem wichtigste Person in ihrer Entwicklung Cara selbst. Ihr Mut, ihre Überzeugung, Geduld und Entschlossenheit waren die Eigenschaften, die es ihr ermöglichten, die angebotene Hilfe von Experten und Freunden gleichermaßen zu nutzen. Sie allein ging den Weg aus der Dunkelheit des Selbstzweifels hinaus in das Licht der Selbstwertschätzung und – ich möchte sogar sagen – der Liebe." Ich konnte nicht anders. Ich schlang meine Arme um ihn und war erfüllt mit Dankbarkeit.

13. Kapitel

Bis zu Caras 27. Lebensjahr sah ich sie – abgesehen von dem einen oder anderen Tälchen - nur bergauf laufen. Es war eine herrliche Zeit. Sie arbeitete, studierte, nutzte ihre Therapie, machte Musik, lachte gern und wesentlich öfter als früher. Sie sprach nicht mehr von ihren Vermutungen. Sie wollte nach vorn schauen und mit ihrer Vergangenheit so abschließen, dass sie sie nicht mehr behindern konnte. Ich erlebte eine schöne Zeit mit ihr. Natürlich lief nicht alles reibungslos. Das Leben stellt einen ja immer auch wieder auf die Probe, wie wir alle wissen. Und doch schien das Schlimmste überwunden zu sein. Wenn sie drei Schritte nach vorn ging, gab es doch immer wieder Ereignisse, die sie wieder zurückwerfen konnten. Eines davon bewegt mich noch heute sehr.

„15.9.2007

Ich bin schwanger. Ich habe es gewollt. Roland scheint der Richtige für mich gewesen zu sein. Vielleicht habe ich ihn auch erst jetzt getroffen, weil ich mich nun akzeptiere. So dachte ich jedenfalls, bevor ich feststellen musste, dass er noch gar nicht bereit zu sein scheint. Aus einem starken Mann wurde plötzlich ein kleiner Junge, der sich dem Leben und dem Erwachsensein noch nicht recht stellen kann, will – wie auch immer. Allein bin ich aber überfordert mit der Situation. Und dabei dachte ich, dass ich nun alle Selbstzweifel besiegt habe. Ich fühle mich so allein mit einer Entscheidung für das Kind. Die Angst packt mich wieder so stark wie damals. Das hat mich so erschrocken. Ich traue mich nicht. Ich habe Angst, dass Roland mich hängen lässt. Ich habe es wegmachen lassen. Es fühlt sich so scheiße an. Gleichzeitig bin ich aber erleichtert. Irgendwas in mir sagt mir, dass es doch die richtige Entscheidung ist. Wird der Himmel mir das jemals verzeihen? Von Roland habe ich mich vor einiger Zeit langsam gelöst. Wir verstehen uns aber noch sehr gut. Er hat mich immer sehr gut verstanden und er hat mich gesehen – mein Herz-aber als ich ihn fragte, ob er nicht mitkommen könnte, sich auch weiterentwickeln und sich mutig ins Leben stürzen könnte, sagte er, dass er das nicht könne. Ich fühle mich schlecht."

Immer dann, wenn sie begann unvorsichtig auf das Leben zuzustürzen, kam eine Situation, die sie daran erinnerte, dass sie sich immer auf dem Weg befinden würde. Das Ziel wird eben immer der verschissene Weg bleiben. Sie hat es bis zuletzt nicht akzeptieren können. Durch ihre Hilfe, den gemeinsamen Weg mit ihr, habe ich es wenigstens kapiert. Dafür bin ich ihr sehr dankbar.

14. Kapitel

„Liebe Lena,

als ich den Entwurf Deiner Zeilen zu lesen bekam und gleichzeitig Deine Bitte, selbst etwas über meinen Blick auf Cara aufzuschreiben, da war ich aufgeregt. Ich spürte gleichzeitig eine freudige Spannung und etwas, dass eine angstvolle Spannung zu werden schien: Ich sehe ja seit längerem mit großer Freude in Cara die erwachsene und so deutlich gesünder gewordene junge Frau. Ich freue mich auf Deinen Bericht dieser guten Entwicklung Caras und zugleich spüre ich auch die Angst vor dem, was Du mir zu lesen gibst. Solche zwiespältigen Gefühle, diese Ambivalenz des einerseits und andererseits begleiten mich und ich ahne, dass sie auch Cara manchmal zuwider waren. Weil sie - wie typisch als Borderlinerin - eben im „entweder/ oder", im „ganz oder gar nicht" lebte und fühlte und weil mein zögerliches „einerseits/ andererseits" auch ihr ihre Zweifel nicht nehmen konnte.

Ich bin Cara ´s Taufpate seit dem 17. April 1983. Ich habe sie ein erstes Mal gesehen, als ich wenige Tage nach ihrer Geburt ihre Mutter besuchte, um sie zu begrüßen. So kennen wir uns „ewig" und sind uns ja auf eine bestimmte Weise sehr nah. Ich verstehe unter dieser „bestimmten" Weise, dass mir scheint, wir könnten uns oft ganz schnell ohne viele Worte verstehen. Dass ich sie auch enttäuscht habe, weil ich ihr nicht mehr von meiner Zeit gegeben und unsere Beziehung nicht von mir aus aktiver gepflegt habe, ist mir bewusst. Manchmal war sie deshalb auch verunsichert, ob es noch stimmt „mit uns". Wir haben ein paar Mal darüber gesprochen und ich habe versucht, mich ihr zu erklären. Das bleibt aber etwas, in dem ich mich auch schuldig fühle ihr gegenüber. Wenn ich nun von Dir lese, wird mir bewusst, dass ich Cara - obgleich auf eine bestimmte Weise nah - doch auch ziemlich fern gewesen bin. Ich wusste manches über sie, über ihre Not, ihre Krankheit, ihre Behandlungen und

Veränderungen und wusste doch im Grunde nichts wirklich und genau. Ich wusste zum Beispiel davon, dass sie von einer Kindergartenreise wegen Heimweh früher abgeholt werden musste und bin dafür - wenn ich es richtig erinnere - mit ihrem Vater gemeinsam nach Zinnowitz gefahren. Ich wusste auch, dass es den quälend unklaren Verdacht eines sexuellen Missbrauchs gab. Ich bekam von Cara ´s Not und auch den häuslichen Konflikten mit und habe ja ihren Eltern auch eine Beraterin empfohlen. Als ich allerdings von der Verdachtsdiagnose „Borderline“ hörte, sträubte sich vieles in mir dagegen. Ich weiß noch, wie Cara ´s Eltern mich baten, ihnen über Borderline zu erzählen. Ich hatte ja tatsächlich einige Borderline-Patientinnen behandelt. Helma und Inge fanden sofort, dass meine Schilderungen exakt auf Cara zutrafen und ich spürte, dass sie auch erleichtert waren, einen Namen (und vielleicht eine Erklärung) für ihr und Euer Leiden zu haben. Ich aber mochte es nicht glauben. Wohl, weil ich wusste, eine wie schwere Erkrankung Borderline bedeuten würde. Und hier kommt die nächste Ambivalenz: ich bin Cara ´s Onkel und ich bin Psychologe. Ich habe sie nie professionell zu verstehen versucht und es hätte mir - wie Du siehst - auch nicht gelingen können. So hörte ich auch nur ganz entfernt, wie durch einen Nebel, etwas über ihre Therapien. Das war auch sehr in Ordnung so, jedenfalls für mich. Ich hätte mit mehr Nähe zu diesen Therapien schlecht umgehen können. Ich habe mich da heraus halten müssen, auch ihren Eltern gegenüber. Ich wusste, sah, spürte, hörte von Cara ´s Leiden, vom Schneiden, von Alkohol und Cannabis, vor allem aber von den oft schwer erträglichen Beziehungskonflikten, für sie und andere schwer erträglich. Wir beide hatten solche Konflikte kaum miteinander. Ich hatte sicher ein Gespür, wo die Gefahr lag, sie zu verletzen und versuchte, dies zu vermeiden. Ich verstand auch, wie ihre abrupten Stimmungswechsel funktionierten. Cara hat mit ihrer emotionalen Intensität anderen so viel geben können, aber es erschien mir immer wie auf einem schmalen Grat. Manchmal versuchte ich, es anderen verständlich zu machen. Ich gebe auch zu, dass das anstrengend war. Cara hat viel Energie gekostet für die Menschen in ihrer

Nähe, aber wem sage ich das... Insgesamt aber habe ich - aus meiner Sicht - wenig für sie getan. Außer: ich habe an sie geglaubt, immer. Und dann gab es ja Erfolge: Das Fachabitur, danach die Ausbildung zur Heilerziehungspflegerin hat sie absolviert, zu Ende gebracht. Ich weiß noch, dass das eine riesige Energieleistung für sie war, da durchzuhalten. Sie hat gearbeitet und sich nicht geschont. Und dann hat sie das Studium gefunden, begonnen und geschafft, und wie gut! Nun hat sie nach vielen Versuchen ihre große Liebe Ben gefunden, die ihr so gut tat. So habe ich sie noch nie über eine Liebe sprechen hören. Ich freue mich sehr für sie. Und ich habe großen Respekt vor Cara´ s Weg. Denn das ist mal klar: es ist einzig und allein ihr Erfolg und ihre Leistung, dass sie diesen Weg geschafft hat. Manche Begleiter ihres Weges haben natürlich einen Anteil daran, aber sie hat diesen Weg bewältigt, niemand sonst.

Mit guten Wünschen in Respekt und Zuversicht auch für Dich"

Ich hatte es gar nicht abwarten können, den Brief zu öffnen. Ich hatte mich sofort in voller Montur im Flur auf den Boden hinter die Haustür gesetzt und angefangen zu lesen. Ich kann es nicht verschweigen. Ich musste bitterlich losheulen - vor Rührung, vor Sehnsucht nach Cara und Dankbarkeit, dass es Menschen in ihrem Leben gab, die immer an sie geglaubt haben. Ich erinnerte mich sehr gut daran, als Cara und Ben zusammenkamen. Und auch ich hatte Cara noch nie zuvor so von einer Liebe sprechen hören. Sie hatte einmal erzählt, dass sie so glücklich war, ihn getroffen zu haben, dass sie dachte, sie müsse sterben. Ich bin sehr froh, dass sie Ben zu dem damaligen Zeitpunkt getroffen hat, denn sonst wäre sie vielleicht schon vorher in einem Anfall von Verzweiflung gestorben. Aber bevor ich davon berichte, möchte ich noch mehr von Ben erzählen. Dazu muss ich etwas weiter ausholen. Cara wollte immer von ihren Freunden gerettet werden. Mit dreizehn hatte sie ihren ersten Freund und seither kann ich mich an keinen längeren Zeitraum erinnern, in dem sie Single war. Sie suchte Schutz vor sich selbst bei ihnen. Sie liebte jeden einzelnen mit ihrem Überfluss an Hingabe und Liebe und gleichzeitig war sie voller Wut auf sie, voller Abneigung und Abwehr. Ich erinnere, wie sie ihren ersten Freund Daniel monatelang dazu trieb, sie zu verlassen. Ich weiß nicht genau, was das war, aber irgendwie schien sie ihm nicht abzukaufen, dass er tatsächlich sie meinte mit seiner Liebe. Ständig stellte sie ihn auf die Probe, machte sich über ihn lustig oder beschimpfte ihn. Als er dann nicht mehr weiter wusste und sie verließ, rannte sie wutentbrannt zu seinem Haus und trat aus Leibeskräften an seine Haustür. Ich bin ihr damals hinterher gerannt, konnte sie aber nicht davon abbringen. Als auch das nichts half, täuschte sie einen Tablettenmissbrauch vor. Keiner konnte verstehen, auch ich nicht, was sie brauchte, was sie wollte. Wahrscheinlich wusste sie es selbst nicht. Das muss schlimm sein, wenn es einen innerlich ständig hin und her reißt. Seit Cara ein kleines Mädchen war, so erzählte sie mir oft, war da diese bestimmte Vorstellung von einem Traummann, die sie nie losließ. Wenn ihr etwas auf einer Ebene fehlte, zog sie weiter. Sie hätte es auch einfach haben können, indem sie einfach jedes Mal gesagt hätte: „ Du, es war schön mit dir, aber du bist nicht das, was ich suche." Aber durch ihre Angst, nicht geliebt, nicht verstanden zu werden, trieb sie oft den anderen dazu, sie zu verlassen. So war sie die Verlassene und nicht die „Böse". Mich hat wirklich interessiert, was die Männer dazu brachte, sich mit ihr einzulassen. Deshalb habe ich ihren Freund Daniel angemailt. Seine Antwort war doch sehr aufschlussreich und deshalb gehört sie hier in meine Homage an Cara.

„Zuerst möchte ich meinen Stolz ausdrücken den ich Cara gegenüber empfinde... sie hat sich seit unserer ersten Begegnung auf einen Weg begeben der nie leicht war, einen Weg zu (in) sich selbst, einen den wir alle gehen sollten ob Borderline oder normal neurotisch oder wie auch immer...nur in wenigen von uns ist soviel Mut und Ausdauer ihn immer weiter zu gehen...

Cara war meine erste große romantische Beziehung...meine erste Beziehung zum anderen Geschlecht überhaupt...sie umgab etwas

Besonderes, Außergewöhnliches...etwas Starkes...das veranlasste mich wohl auch, entgegen ihren Wünschen nach Freundschaft, nicht locker zu lassen bevor wir ein Paar wurden...rückblickend sehe ich natürlich mehr Gutes, es war schließlich die erste Liebe meines Lebens... aber, es war sicher alles andere als einfach und ausgeglichen...ich sehe eine Autobahn – wir fuhren nie in eine Richtung. Mit Cara war es eher ein balancieren auf dem Mittelstreifen, dann und wann riss sie uns in die eine und mal in die entgegengesetzte Richtung...

Zungenküsse waren streng verboten dennoch suchte Cara stetig Zärtlichkeit, Nähe und Geborgenheit...die ich bereit war zu geben... der Helfer in mir wurde geweckt...ich sah ihre geritzten arme, ihre Gefühlsattacken, Schreikrämpfe nie als Angriff sondern immer als Hilfegesuch...bis auf ein vorgetäuschten Tablettenmissbrauch konnte mich nichts wirklich aus der Bahn werfen...sicher kränkten mich diese sporadischen „Liebesentzüge“ zutiefst... doch heute sehe ich das sie den besten Helfer schlechthin getroffen hat – sich selbst.“

Cara testete – ob nun bewusst oder nicht - jeden einzelnen, mit dem sie sich verband. Wie reagierten sie, wenn Cara sich schnitt? Sehnten sie sich genug nach ihr? Belogen sie Cara, um nicht streiten zu müssen? Bekamen sie ihr Leben selbst auf die Reihe? Standen sie zu sich selbst oder redeten Cara nach dem Mund? Vertrauten sie dem Leben? Vertrauten sie ihr? Hatten sie Sex mit ihr, weil sie es war oder weil sie gern Sex hatten? Reflektierten sie sich selbst, um sich in einem fort weiter entwickeln zu können? Waren sie geistreich? Waren sie kreativ? Waren sie humorvoll und gleichzeitig sensibel genug? Standen sie fest im Leben? Hatten sie Zukunftspläne und wenn ja, welche? Redeten sie nur oder handelten sie auch? Cara hatte wirklich gute Beziehungen, aber immer fehlte ihr etwas, dass die Sache wirklich perfekt gemacht hätte. Natürlich fragte ich mich, ob sie nicht einem Hirngespinst hinterher läuft. Vielleicht gab es keinen Menschen auf der Welt, der all das innehatte, was sie sich für sich ausmalte. Sie versuchte es zwischenzeitig auch mit

Frauen, denn vielleicht suchte sie keinen perfekten Mann? Mit perfekt meine ich im Übrigen nicht, dass einer so sein sollte, wie Cara ihn haben wollte. Nein, er sollte so sein, wie er war und das sollte zu dem passen, was sie sich wünschte: eigensinnig und gleichzeitig kompromissbereit. Empfindsam und gleichzeitig spröde. Humorvoll und gleichzeitig ernsthaft. Spontan und gleichzeitig gesetzt. Friedlich und gleichzeitig leidenschaftlich impulsiv. Laut und leise. Selbstbewusst und gleichzeitig unsicher. Es sollte jemand sein, der sie erkennen konnte. Jemand, der sie ansieht und erahnt, erfühlen kann, was gerade in ihr vorgeht oder was sie beispielsweise für Kräfte in sich trug. Und so könnte ich noch einiges mehr aufzählen. Dazu musste nun noch das Ganze zum richtigen Zeitpunkt zur Geltung kommen. Cara hatte Schwierigkeiten mit dem männlichen Geschlecht, aber auch mit den weiblichen Genitalien. Sex als solches war ihr einfach suspekt. Mal fand sie es interessant, meistens aber verspürte sie keinerlei Lust dazu und fand es eher abstoßend, wenn sie jemand berührte oder küsste oder mit ihr schlafen wollte. Dabei wunderte es mich jedoch, dass Cara trotzdem relativ oft Sex mit ihren Partnern hatte. Oft hatte ich Cara einen Vogel gezeigt, denn ich würde nie etwas tun, was ich nicht mochte. Sie erklärte mir dann oft, dass sie es ungerecht fände, wenn nur sie darüber entscheiden konnte. Für sie gehörte dies immer zu einer Beziehung und dabei spielte es erschreckender Weise keine Rolle für sie, ob sie Spaß daran hatte oder nicht. Es war eine Art Verpflichtung für sie. Heute verstehe ich warum. Cara hat eben so reagiert, wie sie glaubte agieren zu müssen. Damit hat sie sich jahrelang selbst missbraucht. Sie hat wahrscheinlich gedacht, dass sie es verdient hätte. Ich hätte ihr gern ausgeredet, was da in ihr verankert war. Vielleicht hätte sie dann erfahren können, wie wunderbar Liebe zu zweit ist.

Cara hatte dann später in ihrer Therapie versucht, ihr Bild von Männern- den ewigen Sexmonstern, aufzulösen. Leider ist ihr das bis zum Schluss nicht recht geglückt. Ich habe einen Tagebucheintrag von ihr gefunden, der dies schildert:

„26.11.2007

Sitzung bei Rob: Ich bin nicht Schuld. Ich wurde tief verletzt und kann nichts dafür. Verschiedene Dinge von Tag zu Tag ausprobieren, die es mir möglich machen ohne Druck, Unwohlsein Sex zu haben: z.B. nur er berührt mich sanft, nur ich habe die Kontrolle- alles probieren und jedes Mal neu, weil immer andere Aspekte zusammentreffen, die immer andere Empfindungen in mir hervorrufen und individuell empathisch angepasst werden müssen. Nicht für den anderen denken. Bei mir bleiben. Schuldgefühle vermeiden- ich kann nicht für den Missbrauch. Aggressionen nicht gegen mich selbst richten. Ich kann nichts für meine tiefe Wunde. Rob denkt, sie hat begonnen zu heilen, ich soll sie nicht wieder aufreißen oder tiefer machen, indem ich Dinge tue, Sex habe, obwohl ich nicht kann. Richtig: es laufen zwei Filme parallel. Normal, das am Anfang alles glatt läuft, weil man ohne emotionale Nähe besser abschalten, gedankenloser handeln kann. Liebe ist gleichzeitig mit der Angst verankert, Verpflichtungen erfüllen zu müssen.

Selbstliebe und Anerkennung lernen, Männerbild auflösen durch virtuelles umbringen von bestimmten männlichen Personen. Mit Partnern darüber immer wieder reden - über das Thema. Ich werde es nicht versauen, wenn ich an Thema dranbleibe und aufhöre mich selbst zu vergewaltigen indem ich Sex habe, obwohl ich nicht mag. Jeder, der ehrlich an mir interessiert ist, wird das akzeptieren und verstehen. Es ist ok, nein zu sagen.

Brief ohne Absender:

Ihr Schweine da draußen, die ihr so gern Frauen als Wichsvorlage benutzt. Ich will nicht mehr wütend sein. Ihr habt mir genug Schaden zugefügt. Da ich euch nun identifizieren kann, kann ich besser unterscheiden. Es gibt wenige Exemplare, die mit ihren Trieben einen Umgang finden können- so wie wir es eben auch tun. An die will ich mich halten. Mit euch will ich nichts zu tun haben. Ihr stört meinen Frieden und ruiniert mir das schöne Leben. Es ist vorbei- ich bin euch nicht mehr hilflos ausgeliefert. Ich möchte endlich glücklich werden und genießen, was ich habe, anstatt darunter zu leiden, was ihr mir angetan habt. Das begleitet mich schon so lange. Ihr seid es aber nicht wert. Es war gut, dass ich meinen Schmerz raus gelassen habe. Jetzt ist es gut. Sollte ich wieder Aggressionen gegen euch spüren, will ich diese an meinem Boxsack auslassen und nicht an allen Männern, die ich gerade treffe.... Ich möchte weiter daran glauben können, dass es auch gute Menschen unter euch gibt. Liebe zwischen Mann und Frau ist doch eigentlich etwas Wunderschönes. Ich bin froh, dass ich das haben darf. Ihr macht mir das nicht kaputt. Das habe ich jetzt beschlossen. Ich kann das Leid aller Frauen in dieser Welt nicht tragen und hinaus brüllen, denn dann würde ich länger brauchen, als ich lebe. Dazu ist mir meine Zeit hier auf Erden zu kostbar."

Als ich schon gar nicht mehr daran geglaubt hatte, dass Cara wirklich findet, was sie sich wünscht – und sie vielleicht auch nicht mehr – da traf sie dann Ben. Damals war ihr erst gar nicht klar, dass er verkörperte, was sie gesucht hatte. Ich habe es auch lange nicht gesehen. Die beiden waren schon schräg zusammen. Ich machte mir lange Sorgen um Cara, denn Ben war schon auch etwas verschoben. Aber anscheinend hat sie genau so jemanden gebraucht. Er konnte ihr in jeglicher Hinsicht das Wasser reichen. Ihre Schicksalsschläge waren nicht schlimmer als seine. Er schien auch ein Profi im Austesten und Spielchen treiben zu sein, denn sie konnten sich beide nichts mehr vormachen. Das hätte auch schief gehen können, aber Cara wäre nicht Cara und Ben wäre nicht Ben, wenn sie sich dieser Herausforderung nicht gestellt hätten.

Cara hat seine Emails aufgehoben. Sie lassen mich noch einmal erkennen, dass er zu dieser Zeit das Beste war, was ihr passieren konnte:

„Hey, guten Morgen ...

Wahnsinn der erste Gedanke beim Aufstehen und der letzte beim Einschlafen... wie machst du das... Merke wie du immer näher rückst. Als du letztens um 4 bei mir angerufen hast und nach Hause wolltest und mit mir darüber geredet hast, hat mir gezeigt wo wir stehen. (Viele andere Dinge auch.) Aber es ist so wunderschön dich „kommen zu sehen“. Es scheint auch für dich leichter zu sein die Welten zu tauschen, da wir uns vorher nicht erst „streiten“ müssen, damit es leichter fällt zu wechseln. Es wird. Wenn du die alte Welt mit in deine neue nehmen kannst und von dort aus alles zu sein und zu Handeln. Vielleicht kann ich gar nicht Zaubern sondern nur lieben. Der Zauber entsteht durch unsere gemeinsame Liebe. Diesen Zauber spüre ich auch. Du hast einen Zugang zu mir den ich vorher von anderen Menschen nicht kannte, das die ihn haben können. (Zauber scheint sich so zu definieren das man sich nicht erklären kann warum etwas so ist (mit einer Prise von anderen atemberaubenden Gefühlen)). Mein Leben hat sich innerlich durch dich und deine Liebe so verändert, ich habe einen Bereich erschlossen den ich nicht mehr gefordert hatte den ich abgestellt und als Sinnlos erachtet habe. Ich finde es bemerkenswert, dass ich an dir wachsen kann. (ohne, dass sich mein Ego meldet). Dadurch zeigt sich für mich auch, was ich für eine Wertschätzung Dir gegenüber habe. (huch gar keine Musik...) Warte mal eben, suche uns was Schönes raus....Ah ok hab deine neue CD angemacht ...(muss sie Dir heute mal zukommen lassen).Huch. Die Sonne fängt an zu Stahlen...Danke Dir .... AHHHHHHHHHHHHHHHHHHHHHHHHHHHHHHHHHHHH... spüre dich ganz nah...OK ... Dann erkläre ich mich mal ein wenig selber und meine Veränderung. Meine alten Gefühle dem Leben gegenüber, mein Hass auf das Drehen der Welt und ändern der Gezeiten hat sich in Verständnis und Dankbarkeit umgewandelt. Hat mir gezeigt, dass ich doch teilhaben darf. Auch so wie ich bin. Kein verdrehen um zu sein, kein schreien um zu lieben um zu schreien, das ich liebe. Meine Dunkelheit im Inneren ist davon, weil ich doch nicht vom Leben ausgeschlossen bin, sondern ein Teil dessen. (Lied 6) (fühlt sich so an als wenn man mit Anlauf von einem 5 Meter Brett springt und dabei die Arme auseinander reißt, um diesen Moment des Fliegens in sich aufnehmen zu können.) Spüre, das wir das sein müssen. Spüre, dass die Suche ein Ende hat. Spüre das drehen im Magen. Mich jeden Tag für dich neu erfinden zu können. Danke Dir... Heirate mich... Lebe mit mir... und lächele dabei ... Spiel die Akkorde aus deinem Herzen. Spiel einfach diese Musik ...Bis bald Ben"

Es schien, als wäre jetzt alles gut. Ich hatte Cara noch nie so glücklich gesehen. Sie war mit sich in Frieden, mit ihrer Partnerschaft und ich glaube, auch das Älterwerden nahm einen bedeutenden Teil ihrer inneren Unruhe. Umso erschrockener war ich, als sich dann im Sommer 2008 etwas ereignete, was noch immer wie ein Schleier über Cara´ s Familie hängt.

15. Kapitel

Das rauschende Fest, eines dieser Feste, die in Cara ´s Familie gern und oft gefeiert wurden, begann ganz wunderbar. Cara hatte sich ein schönes Kleid gekauft und auch ich hatte mich in Schale geworfen. Wir tranken Sekt, aßen die wunderbarsten Köstlichkeiten und waren sehr ausgelassen. Ben war zu der Zeit in Schweden und deshalb hatte Cara mich als ihre Begleitung mitgenommen. Wir feierten damals in einem Hotel, das direkt am Wasser lag. Es war tolles Wetter und die geladenen Gäste amüsierten sich bis in den frühen Morgen. Es muss gegen 5Uhr morgens gewesen sein als Cara plötzlich in den Saal gelaufen kam. Ich tanzte ausgelassen und sah, wie sie auf ihren Vater zulief. Sie flüsterte ihm etwas ins Ohr und beide lächelten sich an. Ich dachte mir nichts dabei. Erst, als wir auf dem Heimweg waren, spürte ich eine düstere Schwere und gleichzeitig eine merkwürdige Erleichterung bei meiner Freundin. Ich muss dazusagen, dass wir sehr betrunken waren. Ich ließ mich zurückfallen und hackte mich bei Helma ein. „ Sag mal, was hat denn Cara vorhin im Saal zu dir gesagt? Irgendwas ist komisch an ihr." „Sie sagte, dass sie nun wüsste, dass ich ihr nie wehgetan habe." Ich wurde hellhörig. „Ich war auch verwundert, wie sie plötzlich darauf kam, aber ich freu mich natürlich. Wär ja schön, wenn sie diese dunklen Gedanken endlich losgeworden ist." Ich sah zu Cara herüber, die immer langsamer und bleicher wurde. Als wir im Haus ihrer Eltern ankamen und Helma sich verabschiedet hatte, um schlafen zu gehen, saßen wir noch einige Zeit mit Inge in der Küche. Cara fing plötzlich furchtbar an zu weinen und schluchzte: „ Er weiß gar nicht, was er uns angetan hat... er hat keine Ahnung von dem, was er da gemacht hat. Er kann nichts dafür..." Ich verstand nur Bahnhof. Auch Inge sah ungläubig zu ihrer Tochter herüber und versuchte zu entschlüsseln, was Cara sagen wollte. Ich kann nicht sagen, warum, aber unsere Alarmglocken – meine und Inges – waren auf Hochbereitschaft. „Wer? Von wem redest du? Was ist denn passiert?“ „Er hat gesagt... er hat gesagt, dass er uns als kleine Mädchen schon immer viel zu gern hatte...er weiß gar nicht, was er uns angetan hat...“ Inge wurde nervös. „Cara, wen meinst du?“ „Ich weiß jetzt, dass Papa es nie war. Ich wollte das gar nicht... ich hatte doch schon längst abgeschlossen. Aber als er das gesagt hat, da ist was in mir passiert, Mama.... Da ist irgendwie ein Knoten geplatzt. Das war, als wäre das letzte Puzzleteil endlich da, als schließe sich ein Kreis. Mir ist plötzlich so ein schwerer Stein vom Herzen gefallen. Er hat mich erlöst mit seinen Worten....“ Inge und ich versuchten Cara zu beruhigen. „Mama, alles passt auf einmal. Er war es. Ich weiß nicht was, aber er hat uns wehgetan.“ Inge und Cara hatten ein sehr offenes und enges Verhältnis, daher wusste sie um die Erfahrungen, die Cara in ihren Therapien gemacht hatte. Sie wusste von dem kleinen Mädchen auf dem Hof des Bekannten und zählte jetzt eins und eins zusammen. Ich brachte Cara ins Bett. Am nächsten Morgen war Cara ziemlich verkatert. Sie sprach kaum ein Wort, wich ihrer Mutter ungern von der Seite. Sie schien irgendwie unter Schock zu stehen. Ich muss ehrlich gestehen, dass ich lange nicht realisieren konnte, was mit Cara an diesem berauschten Morgen geschehen war. Ich meine, sie war betrunken, vielleicht hatte sie nur etwas falsch verstanden? Wie kann ein einziger Satz solch eine Lawine von Emotionen lostreten? Es ist mir bis heute unbegreiflich. Es stellte sich heraus, dass Cara mit „uns“ sie und ihre Schwester Maja gemeint hatte. Dieser Bekannte, der mir ziemlich fremd war, da ich ihn nicht oft bei Cara ´s Familie gesehen hatte, soll an dem Festabend also etwas gestanden haben? Hm. Es klang ziemlich absurd, doch für Cara schien es unabwendbare Wahrheit zu sein. Inge erzählte Cara später, sie habe mit Maja darüber gesprochen. Auch sie hatte angstbesetzte Erinnerungen an diesen Bekannten. Komisch war jedoch, dass sie diese Begegnung bereits drei Jahre vorher hatte. Sie hatte es niemandem erzählt. Können zwei Schwestern ähnliche Gefühle gegenüber einem Mann haben, ohne sich aber an Erlebnisse solcher Art erinnern zu können? Cara tat mir furchtbar leid. Sie hatte sich so gut entwickelt und nun traf sie so unverhofft ein Satz eines bedeutungslosen Mannes, der arge Folgen für die ganze Familie hatte. Ich habe keine Ahnung wie Cara mit dieser Situation umging. Ich sah sie plötzlich so gut wie gar nicht mehr. Sie hatte sich gemeinsam mit Ben in ihrer Wohnung verschanzt und war nicht mehr ansprechbar. Wenn ich anrief, um zu hören, wie es ihr geht, hatte ich ausschließlich Ben am Telefon, der nur immer wieder sagte, dass Cara trauere. Worüber trauert sie? War das wirklich das letzte Teil, das all ihre Arbeit in der Suche nach ihrem Geheimnis nun vollkommen machte? So einfach und plötzlich und hart und schnell? An ihrer Stelle... ich glaube, ich hätte mich längst umgebracht. Erst kürzlich habe ich ihr Tagebuch von dieser Zeit gelesen. Ich habe mich vorher immer gedrückt. Es ist schon ein sehr unangenehmes Thema. Ich kann verstehen, wenn sie kaum einer ernst nahm mit ihrem Verdacht. Es ist so schmerzhaft und unverständlich – es fällt auch mir immer noch leichter, einen Irrtum ihrerseits in Betracht zu ziehen.

„17.12.2008

Ich versuche Tagen und Wochen zu begreifen, was da in mir passiert. Ich bin total überfordert- kann nicht glauben, will nicht glauben, dass dieser Mann was mit mir und meinem Gefühl, missbraucht worden zu sein, zu tun haben soll. Alles war so erleichternd, als wäre endlich eine schwere Last von meinen Schultern genommen worden. Gleichzeitig bin ich so erschrocken, fühle mich gedemütigt und voller Scham.

Den Satz von ihm empfand ich als Geständnis. Ohne mein Zutun, hat sich etwas in mir gelöst, das ich nicht in Worte fassen kann. Das Atmen fiel mir auf einmal leichter. Gleichzeitig spüre ich Angst, was Böses gemacht zu haben, ihn zu Unrecht aus meinem Leben haben zu wollen, etwas Falsches zu fühlen. Auch die Beratung bei „Wildwasser e.V.“ - einem Verein für und von missbrauchten Frauen - hilft nicht, etwas anderes zu spüren, als dass er mit daran Schuld trägt, dass ich geworden bin, wie ich bin. Ich habe, immer auf der Suche nach dem Grund für mein Gefühl, jemand habe mir was angetan irgendwann, jahrelang meinen Papa verdächtigt. Jetzt fühlt es sich so klar an, dass der Bekannte meiner Eltern (diesen Namen will ich nie mehr in den Mund nehmen) wesentlich dazu beigetragen hat, dass ich mich mein ganzes Leben so beschmutzt und nicht liebenswert gefühlt habe. Ich erinnere mich trotzdem nicht an unangenehme Situationen mit ihm. Nie habe ich auch nur eine Sekunde daran gedacht, dass er mir was getan haben könnte, bevor er diesen Satz sagte. In der Körpertherapie fand ich mich auf dem Hof, in dem Keller von seinem Haus wieder - jedes Mal. Ich hatte ihn trotzdem nie in Verdacht. Nie! Gespräche mit meinen Eltern bleiben immer wieder stecken. „Das ist nur Dein Gefühl", sagt mein Vater regelmäßig, „Es gibt keine Beweise, oder?". Nein, es gibt keine Beweise. Ich habe nicht einmal sein Gesicht sehen können, wenn ich mir als Kind an diesem Ort begegnete. Auch meine Schwester hat „nur" ihr Gefühl. Wir haben miteinander gesprochen und wollen alles vergessen. Wir nahmen unseren Eltern das Versprechen ab, dass wir entscheiden, ob wir mit „ihm" darüber sprechen oder nicht. Mama fällt es besonders schwer. Sie hat jahrelang damit leben müssen, dass ich meinen Vater in Verdacht hatte. Was für eine Ehe muss das gewesen sein? Ich habe heute noch Schuldgefühle, obgleich ich nie etwas Böses wollte. Rob hat mir erklärt, dass gerade unbewusste Dinge oft auf die erste Bezugsperson im Leben projiziert werden. Das ist eine hilfreiche Erklärung, um mir selbst zu vergeben. Immer wenn ich Kontakt zu meinem inneren Kind aufgenommen habe, befand es sich auf dem Hof dieses Mannes. Nach der Situation auf dem Fest, kam ich erstmalig auf die Idee, meine Kleine auf den Arm zu nehmen und von diesem Ort wegzuholen. All diese Dinge sprechen dafür, dass mein Gefühl mich nicht täuscht, dass ich am Ziel bin, dass ich nun alle Klarheiten habe, die ich zum heilen brauche. Wenn es nur nicht so krass wäre. Ich fühle oft so stark, dass ich wie betäubt bin. Aber da ist immer noch diese Frage: Was, wenn ich nicht Recht habe? Was, wenn ich mir alles nur eingebildet habe? Was, wenn ich ihm Unrecht tue? Ich bin so froh, wenn die Trauerphase vorbei ist und ich wieder nach vorn schauen kann."

Inge brach ihr Versprechen und damit das Schweigen. Ich weiß, sie tat es aus Liebe zu ihren Kindern. Erst verstanden Maja und Cara es als Verrat, später waren sie ihr ein Stück weit dankbar. Inge und Helma fuhren zu ihm und sprachen mit ihm. Er leugnete überhaupt mit Cara an diesem Abend gesprochen zu haben. Er weinte. Er war davon überzeugt, dass ihr Therapeut ihr dies eingeredet habe, damit sie endlich heilen könne. Als Cara erfuhr, dass ihre Mutter mit ihm gesprochen hatte, versank sie im Boden. Sie hatte so arge Schuldgefühle, die auch ich ihr nicht ausreden konnte. Ich wusste nicht mehr, was ich sagen, tun sollte. Sie fing an, ihre Gefühle zu verleugnen. Sie schrieb diesem Mann sogar, sie wüsste, dass er kein schlechter Mensch sei und entschuldigte sich für ihre Gefühle. Gleichzeitig wusste sie trotzdem, dass sie sie nicht ohne Grund gespürt hatte. Mir wird noch immer ganz schlecht, wenn ich an diese Tragödie denke.

Da waren nun zwei Familien, die am Boden zerstört waren. Cara fühlte sich dafür verantwortlich und wollte Frieden schaffen, ohne sich selbst zu ignorieren. Sie hatte versprochen den kindlichen Teil in sich ernst zu nehmen. Sie hatte das Kind auf den Arm genommen und von dem grauseligen Ort weggetragen, das hatte sie mir erzählt. Ich sah es genauso wie sie, sie konnte es nicht wieder dort absetzen, damit es den anderen besser ging. Sie hatte viel zu oft immer erst an die anderen gedacht. Ich wollte das nicht zulassen und ich wäre wirklich böse gewesen, wenn sie all ihre Schmerzen zu diesem Thema ignoriert hätte. Dafür hatte sie zu lange und hart daran gearbeitet, das aufzudecken. Ob es nun der Wahrheit entsprach oder nicht, in ihr war etwas geschehen, das sie nach vorn brachte. Das kann kein Mensch ignorieren. Natürlich dachte ich auch daran, was nun aus dem Bekannten werden würde, für den diese Vorwürfe unhaltbar waren. Aber, das habe ich auch zu Cara gesagt, wenn er es nicht gewesen ist, dann wird es ihm auch nicht wirklich schlecht gehen. Und wenn doch, kann er sich immer noch therapeutische Hilfe suchen, um damit umgehen zu lernen. Ich fand, es lag nicht in Cara

´s Verantwortung, was nun mit ihm geschah. Sie sollte zusehen, dass sie wieder auf die Beine kam. Auch Ben sah das so und ich sah nun noch deutlicher, wie er zu Cara stand. Er küsste ihre verheulten Augen, streichelte über ihr Herz und ließ sie in Ruhe, wenn sie keines von beidem ertragen konnte. Ich glaube, seine Zeilen haben ihr sehr dabei geholfen, den Blick nach vorn nicht zu verlieren:

„Musik klingt in meinen Ohren

Weiße Wolken ziehen vorbei

Innere Stille überdeckt meine Vergangenheit

Ich sehe Bilder von Dir in den Spiegelungen des Lichts

Die Liebe zu Dir erstreckt sich grenzenlos

In den Weiten meines Universum

In den Tiefen meiner Seele

Die Entdeckung der Endgültigkeit

Erstreckt sich über das Gefühl der Vergänglichkeit

Doch da gewesen zu sein

Mit Dir ... Dein Ben."

Sie machten in dem folgenden Winter sehr viel gemeinsam Musik. Heilung durch das Singen von Worten, die Cara nicht losließen und dann – verstärkt mit den Musikkompositionen von Ben - entlassen werden konnten. So hatte sie es mir damals müde lächelnd erklärt. Ich höre ihre Lieder noch immer oft und gern. Ich habe dann das Gefühl, dass sie ganz nah bei mir ist und ich sie umarmen kann mit all ihrer Kraft und Liebe und Zuversicht.

16. Kapitel

„2.10.2009

Hatte Therapie: Es ist zu überlegen, an den besagten Ort zu fahren. Rob schlug es vor und würde mich begleiten. Wir sprachen darüber, wie zurzeit die familiäre Situation sei. Beim Erzählen bemerkte ich, dass dieses Thema immer noch in meinem Kopf herumspuckt - verdammt. Als ich kürzlich diesen einen wunderbaren Traum hatte, dachte ich, es sei vorbei. Ich hätte abgeschlossen. Ich träumte, dass ich mit der Familie des Bekannten in einem Raum war. Auch Mama und Papa waren dort. Die Situation war so, wie sie auch zu dem jetzigen Zeitpunkt ist. Angespannt war es und ich sprach nicht mit ihm. Plötzlich flogen viele bunte Fische mit traumhaft schönen warmen kräftigen Farben aus seinem Aquarium umher. Er wollte alle wieder einsammeln und zurück ins Becken tun, aber es gelang ihm nicht so gut. Er tat mir leid und ich half ihm nach einigem Zögern. Ich konnte die Fische und Seesterne ganz leicht auf meine Hand nehmen und ins Wasser zurücksetzen. Er bedankte sich demütig.

Aber noch immer, nach der langen Zeit des Wissens, bin ich unsicher und doch sicher, dass er uns wehtat- in welcher Form auch immer. Rob meinte, in seinen über 30 Jahren des Therapeutendaseins habe er es nicht erlebt, dass einer seiner Klienten je direkte Erinnerungen hatte, wenn der Missbrauch vor der Pubertät stattfand, geschweige denn Gesichter erkennen konnte. Er ist sich sicherer als ich, dass „er" es war, denn ich erzählte wieder, wie so oft schon, dass seine Worte damals auf der Feier in mir das Gefühl auslösten, endlich alles bearbeitet zu haben, was mir in der Kindheit geschadet hat. Sein Satz war innerlich wie eine Erlösung, ein Teil, der das Ganze endlich in seinem ganzen Ausmaß sichtbar werden ließ. Mit meinem Schweigen gegenüber anderen Familienmitgliedern mache ich, so Rob, mit der Heimlichtuerei weiter. Das muss aufhören, damit ich mich wirklich befreien kann aus der Opferrolle, aus dem Muster, stillhalten zu müssen. Da ich nicht zu dieser Sache stehe, mir selbst nur bedingt glaube, können sich auch meine Eltern nicht sicher sein, ob und was Wahrheit in dieser Sache ist. Ich verlange heimlich, dass sie 100% zu mir stehen, steh aber selbst nicht zu dem, was ich doch in so harter Arbeit herausgefunden habe. Weshalb traue ich noch immer nicht meinem Gefühl? Alles spricht dafür und doch so viel dagegen. Habe am Abend mit meiner Schwester telefoniert. Die Gespräche mit ihr über unser gemeinsames Schicksal sind sehr gut für mich und auch ihr hilft es, sagt sie. Habe auch mit Papa telefoniert und gefragt, ob er mir denn glaubt. Denn das beschäftigt mich doch sehr. Mir scheint, das Kind in mir sehnt sich nach Schutz vom Vater, der damals nicht gegeben war. Wie auch? Weiß ja keiner, was war. Keine Ahnung, ob ich noch einmal an diesen schrecklichen Ort will. Dachte, wenn mir meine Eltern glauben, dann werde ich mir auch trauen können, aber andersherum wird ein Schuh draus."

Cara ruderte mal vor, mal zurück. Es gab Tage, an denen sie total niedergeschlagen war und dann wieder Tage, wo sie sich kaum etwas anmerken ließ. Man merkte auch Ben an, dass er so langsam an seine Grenzen kam. Ich bewunderte ihn dafür, dass er täglich zu 100 % zu Cara stand. Ich hingegen war froh, dass ich mich auch einmal rausnehmen, nach Hause fahren konnte. Sie zog in dieser Zeit des Verarbeitens unheimlich viel Energie. Ich glaube, sie wusste es, denn immer, wenn sie etwas zu viel getrunken hatte, erzählte sie von ihren Gefühlen des Zerrissenseins. Manchmal hatte ich das Gefühl, dass sie sich selbst versuchte von Schuld zu befreien. Aber so kannte ich Cara. Sie nahm es immer unheimlich mit, wenn jemand wegen ihr litt. Selbst wenn es nur Kleinigkeiten waren, wegen denen sich andere über sie ärgerten, reagierte sie unangemessen stark emotional. Ob es das war, was sie sich vorgestellt hatte, als sie sich damals auf die Suche nach ihrer Wahrheit gemacht hat?

Ich befürwortete es, als Cara beschloss, ihre Therapie zu beenden. Ich meine, irgendwann ist es auch mal gut, oder? Sie könnte wahrscheinlich ihr ganzes Leben Therapie machen und immer würde sie etwas finden, dass noch verändert werden muss. Doch kann man dann jemals ok mit sich sein? Es schien ihr jedenfalls gut zu tun, sich nicht weiter einmal wöchentlich in einem dafür vorgesehenen Raum, mit ihren Sorgen und Zweifeln auseinandersetzten zu müssen. Sie lächelte wieder öfter. Das machte nicht nur mich sehr froh. Schwierig wurde es immer dann, wenn es Feierlichkeiten gab, zu denen auch der Bekannte eingeladen war. Dann merkte ich Cara oft an, dass alles wieder für einen Moment hochgeschnellte und sie kurzweilig in ihrem Dilemma versank. Ob es sich jemals wirklich ok anfühlen kann, wenn so eine Tragödie im Raum steht? - wahrscheinlich nicht. Ich erinnere mich an einen Abend, an dem wir zwei über Schuld diskutierten. Sie war der Meinung, dass es Schuld als solches nicht gibt. Ich sah das anders: „Seit du denken kannst, plagst du dich mit Schuldgefühlen herum. Du fühltest dich als Kind schuldig, wenn es deiner Mutter schlecht ging. Du fühlst dich deinen beiden Kindern gegenüber schuldig, weil du sie abgetrieben hast. Du hast im Laufe deines Lebens vielen Menschen Unrecht getan, wie du sagst. Wut auf dich selbst hast du an anderen ausgelassen. Andersherum wurde dir die Schuld auch gern zugewiesen. Je mehr du in deiner Therapie begriffen hast, desto mehr wuchs dein Schuldgefühl." „ Was bedeutet denn Schuld eigentlich? Gibt es so etwas überhaupt? Ein Mann, der kleine Kinder verführt, weil er es nicht besser weiß- ist er schuldig? Die Frage schließt sich an, woher er dieses Bedürfnis hat, oder? Lernt nicht jeder von seinen Eltern und Großeltern und die wiederum von ihren? Betrachte ich Dinge solcher Art genauer, stelle ich immer wieder fest, dass niemand etwas dafür kann- egal wie unglaublich falsch eine Sache zu sein scheint. Wenn es schuldige Menschen gibt, dann muss es auch unschuldige Menschen geben, nicht? Wer kann jedoch von sich behaupten, dass er das ist? Ich sehe schon ein, dass es Manches einfacher macht, so zu denken. Dennoch hat es für mich nichts mit der Wirklichkeit zu tun.

Etwas Falsches zu tun, beinhaltet jedoch, dass wir für diese Dinge Verantwortung übernehmen. Aber wie geht das, ohne sich schuldig zu fühlen? Ist das nicht die Motivation für Veränderungen? Meiner Meinung nach schließt Eigenverantwortung Schuld aus. Wenn ich meine Fehler einsehe und daraus lerne, dass ich andere Lösungen finden muss, um zwar zu meinen Dingen zu stehen, aber damit andere nicht zu verletzen, dann übernehme ich Verantwortung für mein Tun, ohne dass ich mich schuldig mache." „Also sagst du, dass es Schuld nur gibt, wenn man nicht aus seinen Fehlern lernen will?" „Schuld hin oder her- in jedem Falle war es notwendig, mir zu vergeben. So kann ich auch anderen vergeben. Andersherum geht es nicht. Ich kann verändern, einsehen, mich entschuldigen, vergeben. Jeder Mensch tut dies für sich selbst. Was mir sehr hilft ist auch mein Psychologiestudium. Da hörte ich in einer Vorlesung, dass keiner einem Gefühle machen kann. Diesen Satz habe ich sehr verinnerlicht; er erscheint mir logisch. Gefühle hat man selbst und wenn dem so ist, dann kann man auch selbst seine Gefühle ändern bzw. Situationen verändern, um die eigenen Gefühle, das eigene Ich zu schützen. Rob kommt doch aus Südafrika, ne? Er erzählte mir einmal, dass es dort einen Stamm gibt, der kein Wort für Schuld hat. Das finde ich wunderschön. Zu verstehen, dass jede Wahrheit seine Berechtigung hat und das wir Menschen nicht erfassen können, warum welche Dinge in dieser Welt geschehen- warum die einen mehr leiden und die anderen weniger, dass Leid eine Chance bedeutet, über sich hinauszuwachsen- hat mir eine Ruhe gegeben, die ich sehr tief empfinde und mich befreit von Hass und quälenden Fragen nach dem *Warum*." „Ach Cara, wenn deine tollen Ansichten nur auch in der Realität funktionieren würden. Ich meine, wenn jeder Mensch hier das genauso sehen würde, dann könnte niemand mehr zur Rechenschaft gezogen werden. So einfach ist das alles nicht. Ich finde, wenn jemand ein Verbrechen an einem anderen begeht, ganz egal ob er es bereut und nie wieder machen wird, muss er für seine Sache geradestehen. Du siehst doch selbst, wie du damit rumhängst, dass es keinen Schuldigen gibt. Was meinst du, warum du solche

Schuldgefühle hast, weil der, der dir wehtat keine hat. So sehe ich das jedenfalls." Unsere Diskussionen hörten immer irgendwann auf, ohne dass die eine die andere überzeugen konnte. Wir verabredeten still für uns, dass die Wahrheit immer irgendwo in der Mitte liegt und waren zufrieden damit. Cara hatte wirklich kluge Ansichten, doch fielen sie ihr immer wieder auf die Füße, einfach, weil die meisten Menschen anders dachten als sie. So oft verausgabte sie sich für andere, die dies jedoch nicht wollten. Sie wollten nur über ihr Leid klagen. Cara hingegen hoffte immer auf eine Möglichkeit, ihnen ihre Ansichten weitergeben zu können. Es tat mir oft leid, wie sie sich abmühte; Gedanken um ihre Mitmenschen machte und diese oft erbost darüber waren, dass sie überhaupt kommentierte, was sie ihr überhalfen. Gott sei Dank verstand sie das auch immer mehr und mehr und trennte sich von vielen Menschen in ihrer Umgebung, die ihr Leid behalten wollten.

„5.10.2010

„Mich kotzt das echt an. Die meinen immer alle, dass sie mich kennen, dabei habe ich mich so verändert. Die meinen alle, dass ich noch immer jemand bin, um den man sich sorgen muss, der nicht weiß, was er tut. Ständig erzählen sie mir, wie ich mich verhalten soll und erklären mir Dinge, die ich schon längst ganz anders mache. Verstehen die nicht, dass ich mich verändert habe? Wieso bekomme ich nicht die Möglichkeit, mich so zu zeigen, wie ich jetzt bin? Oder muss ich mich lösen, weil ich sonst nicht den Sprung in eine neue Cara schaffe? Ich bewerte sie nicht, bin ihnen zugetan. Sie hingegen reden nur von sich und denken, dass ich immer noch unkontrolliert durch die Gegend wüte. Dabei haben sie schon lang die Möglichkeit gehabt, sich vom Gegenteil zu überzeugen. Aber sie sehen nur, was sie sehen wollen. Oder sehe ich nur, was ich sehen will? Ich kann da nicht mehr bleiben. Sie tun mir nicht mehr gut. Früher war es mir wichtig, dass ich von allen geliebt werde. Hab immer zugehört, mich um die Sorgen anderer gekümmert- mehr, als um mich. Aber ich brauche das nicht mehr. Die sollen aufhören, sich bei mir auszukotzen. Wenn ich jemanden brauche, sind sie nicht da, zu beschäftigt oder bemitleiden mich. Ist doch scheiße. Ist es einfach so, dass wir uns nichts mehr zu sagen haben? Trennen sich unsere Wege, weil ich nun auf eigenen Beinen stehe und nicht mehr nur für andere existiere? Ich muss mich von ihnen lösen, sonst komme ich nicht voran. Ich möchte so gern gesehen werden, wie ich jetzt bin und nicht so, wie ich einmal war. Ein unglaubliches Beispiel ist das, dass eine Freundin meint, sie müsse sich um mich sorgen, weil ich auf Partys ihrer Meinung nach zu viel trinke. Sie selbst aber kifft täglich und ist auch oft betrunken. Dabei übersieht sie auch noch, dass es bei mir echt selten geworden ist. Darf ich denn nicht mehr dem Alltag entfliehen, damit alle sehen, dass ich Alkohol nicht mehr missbrauche? Anstatt gesehen wird, dass ich keinen Rausch mehr brauche, um mich gut zu fühlen, wird nur gesehen, was ich nicht kann. Ist es Angst, dass ich mich schneller entwickle als sie? Ich habe jedenfalls keinen Spaß mehr mit diesen Leuten, die mich von früher kennen. Sie ignorieren Veränderungen und sind überzeugt davon, dass ich nur vorrübergehend ne gute Phase habe. Wenn ich mir das weiter gebe, dann rutsche ich immer wieder in die kranke Rolle von früher. Ich verstehe ja, wenn sich Leute Sorgen machen. Aber ich verstehe nicht, dass sie ihren Blick nicht ändern. Ich bin ihnen einfach zu nahe. Deshalb fühle ich mich dann immer so, wie die mich sehen. Das tut mir nicht gut. Ich muss sie verlassen, um mein Leben endlich genießen zu können und um stabil zu werden, indem was ich jetzt bin.

17. Kapitel

Wenn Cara nicht besonders gut drauf war, dann ärgerte sie sich oft darüber und fürchtete, die gedrückte Stimmung würde wieder, wie früher, Tage oder Wochen anhalten. Selbstzweifel quälten sie immer wieder- bin ich ok, wie ich nun bin? Oder muss ich weiter daran arbeiten, dass ich gut genug für diese Welt bin? Darf ich leben, ohne ständig darauf vorbereitet zu sein, dass mir das Leben wieder ein Bein stellt? Darf ich glücklich sein, bei allem, was ich anderen und mir selbst angetan habe? Werde ich noch bestraft oder ist es einfach mein Schicksal für immer und immer grübelnd und erschrocken durch die Welt zu laufen? Bei all diesen Rückfällen in alte Ängste- Kinderängste meist- musste Cara, so erklärte sie mir, diese als solche entlarven und konnte sie das, dann schrieb und sprach sie Affirmationen, die sie durch Luise Hay erfahren hatte.

„Alles ist gut, wie es jetzt ist. Alles ist gut angelegt in meiner Welt. Ich liebe mich und erkenne mich an, mit allem was ich bin. Es interessiert nicht was war, denn mir kann nun niemand mehr etwas tun. Ich bin die Autorität in meinem Leben. Ich entscheide für mich- jeden Tag neu. Niemand ist unfehlbar. Ich tue alles, was in meiner Macht steht, um mich und andere nicht zu verletzen. Wenn ich es doch tue, dann vergebe ich mir so wie ich anderen vergebe. Der, der mich am meisten ärgert, ist mein bester Lehrer. Jeder Mensch findet in den Menschen, die ihm begegnen immer auch sein eigenes Spiegelbild wieder."

Es war eine Art Mantra, das sie nun täglich in ihre Tagebücher schrieb, wie ich feststellen konnte. Diese Formeln, wie sie sie nannte schienen das Bedürfnis nach Schutz und Sicherheit, das sie in ihrer Umwelt suchte, zu kompensieren. Cara wurde immer gelassener auch wenn es Rückschläge gab. Wenn ich beispielsweise aus der Haut fahren konnte vor Wut darüber, das jemand vordrängelte oder sich in den Vordergrund spielte, stand Cara oft da, als würde sie gar nicht betroffen sein. Auch wenn sie entnervt war, was man ja manchmal ist, oder schlecht geschlafen hatte, blieb sie oft ruhig und gelassen.

18. Kapitel

Alles begann mit einem Kältegefühl in ihrem rechten Bein. Sie empfand es als sehr unangenehm, machte sich dann jedoch eine Wärmflasche und ließ sich nicht weiter davon beeindrucken. Aus dem Kälteempfinden wurde Monate später ein ziehender Schmerz. Nun wurde sie doch langsam unruhig. Ich hätte sie dafür schlagen können, dass sie über acht Monate wartete bis sie endlich einen Arzt aufsuchte. Sie konnte längst nicht mehr länger als 3 Meter laufen geschweige denn stehen. Aus Angst vor einer furchtbaren Diagnose – Cara hatte Angst, sie hätte ein Raucherbein – hielt sie eine gefühlte Ewigkeit diese fiesen Schmerzen aus. Ich konnte das gar nicht mit ansehen. In dieser Zeit schien alles, was sie sich bisher erarbeitet hatte, ins Wanken geraten. Plötzlich war sie wieder deprimiert, zweifelte und wurde schnell wütend. Ich nehme an, wenn sie nicht so lange gewartet hätte, hätte sie sich Einiges ersparen können. Sie erzählte mir, dass die Ärztin sie bei der Auswertung des MRT gefragt hatte, wie sie bitteschön so lang diese Schmerzen aushalten konnte. Die Diagnose: Bandscheibenvorfall L4/L5.

„7.11.2010

Durch mein gebrochenes Selbstbild bin ich jahrelang geduckt und krumm durch die Welt gelaufen und habe mich oft übernommen. Ich habe lange schwer getragen und gearbeitet, denn ich wollte mithalten mit der Männerwelt. Kohlen schleppen? Kein Problem- ich bin doch ne starke Frau. Was ihr könnt, kann ich schon zweimal. Nee, gib mir mal auch drei Kisten mit Büchern- das schaff ich und der Umzug geht schneller. Das ist die eine Sache, die mich zu diesem Dilemma führte. Die andere ist, dass ich mich immer viel gesorgt habe. Ich trug lange auch eine seelische Last mit mir herum. Es ist wohl Zeit, endlich gerade durch die Welt zu gehen, dabei Grenzen zu ziehen und für mich zu sorgen. Vertrauen statt

Kontrolle! Ja, das ist das Stichwort. Hat loslassen wieder mit der Beziehung zu sich selbst zu tun? Läuft denn alles darauf hinaus? Ich habe so viel erkennen können, doch ich merke, dass dies nicht genug ist. Der Schritt ist existenziell, gleichzeitig jedoch, bleibt es bei dem Erkennen, ein Stillstand in der Entwicklung. Die Umsetzung muss erfolgen. Ich habe gehofft, alles würde sich von allein auflösen, würde ich erst einmal erkennen- so wie sich der Schmerz in mir irgendwann löste, weil ich den Schmerz zuließ. Aber spätestens seit ich diesen Bandscheibenvorfall bekommen habe, der mir bis in den Fuß Schmerzen bereitet, stelle ich fest, das Erkennen nicht genug ist. Ich muss bewusst und aktiv weit mehr, als ich dachte, einen Lebenswandel vornehmen. Dazu gehört gesundes Essen, Sport, Ruhe, gesunde Freundschaften, kein übermäßiges Trinken, Denk- und Grübelpausen, Vertrauen auf das innere Gespür, LOSLASSEN, gute Gespräche, Kreativität, vermeiden von Schwarzmalerei, ablehnen von selbstschädigen Verhalten, Mut, in eine neue Lebensphase einzutauchen. Das steht an, das steht dringender an, als je zu vor- denn ich will nicht mein Leben lang mit Rückenschmerzen herum laufen. Ich möchte nun lernen, aufrecht durch die Welt zu gehen. Ich möchte mich nun trauen, zu mir zu stehen. Ich will lernen, zu vertrauen in jeder Hinsicht- auf mich, auf mein Gefühl, auf meine Erfahrungen, auf mein Herz. Ich habe Angst davor, aber jetzt tue ich es. Ich danke Gott für die fürchterlichen Rückenschmerzen, weil ich jetzt verstehe, dass das eine Hilfe für mich ist, tatsächlich den Kurs in meine Richtung einzuschlagen, weit weg von einigen meiner Lieben, die ihren Kurs beibehalten wollen. Ich verstehe gleichfalls, dass ich diese Menschen tatsächlich liebe, denn ich fordere nichts mehr ein, ich habe akzeptiert, dass die Wege sich hier trennen müssen, um wieder gesund zu werden. Dennoch wünsche ich ihnen allen ein wunderbares Leben. Mit dieser Erkenntnis ist plötzlich so viel Frieden in meinem Herzen!“

Cara ging nun kaum noch aus oder zu Freunden oder tanzen. So viel, wie sie vorher umher gerannt war und nicht stillhalten konnte, so oft lag sie nun herum und hatte viel Zeit, sich darüber Gedanken zu machen, was sie verändern musste, um die Schmerzen loszuwerden. Ihr als Psychologin und kluge Frau war schnell klar, dass es nicht nur darum ging, Rückengymnastik zu machen. Sie meinte, sie habe einen weiteren Schubs in die richtige Richtung bekommen. Cara konnte nie „nein!“ sagen, wenn sie jemand um Hilfe bat, obwohl er sich einen Dreck um Cara scherte. Jetzt musste sie nein sagen, denn sie war fest entschlossen, wieder schmerzfrei zu werden. Schnell stellte sich - interessanter Weise - in dieser Phase heraus, auf wen sie wirklich zählen konnte. Es gab kaum jemanden, der auch für sie da war. Das war hart für Cara, aber erleichterte ihr gleichzeitig die Trennung von Bekanntschaften und Freunden. Es gab furchtbar viele Tränen zu dieser Zeit. Aber Cara wäre nicht Cara, wenn sie sich nicht wieder aufgerappelt hätte...

„14.11.2010

Therapie gehabt: Ich sorge mich so viel. Das Leben sollte mehr genossen werden. Ich darf mich gut fühlen. Ich darf genießen. Ich darf nicht mehr so schwer heben und ich möchte gerade und standfest durch die Welt laufen. Ja, es gilt noch viel anzugehen...Ich verstehe mal wieder, dass es noch nicht vollbracht ist. Ich habe laut Rob mir selbst noch nicht verziehen und noch keinen Abschluss der Vergangenheit für mich gefunden. Ich bin wieder ganz schön klein geworden. Mir fehlt die Weite. Mein Rücken zeigt mir, dass ich mich wieder überanstrengt habe, indem er schmerzt. Es ist wohl auch das alte Leid meines inneren Kindes, das sich in meinen Rückenschmerzen wiederspiegelt. Mir ist es derzeit nicht möglich, irgendetwas Tieferes nach Außen zu geben. Alle Kraft braucht jetzt mein inneres Kind, damit ich es beruhigen und ihm Halt bieten kann. Ich war und bin immer wieder erstaunt, wie kraftlos ich bei all meiner inneren Stärke bin. Ich fühle, dass ich ganz für die Kleine da sein muss, um ihr die Sicherheit zu bieten, die von Außen weggeblieben ist. Das Thema ist noch nicht durch. Es hat trotz Aufarbeitung und Klarheit meiner Gefühle keine Sicherheit gegeben, dass ich mit meiner Vermutung des sexuellen

Missbrauchs richtig liege. Die Angst falsch zu liegen, sitzt mir im Genick und in meinem unteren Rücken. Ich möchte jedoch darauf vertrauen, dass alles in seinen Bahnen verläuft und es gut ist, wenn ich auf mich höre und zulasse, wonach mir ist. Ich habe in einem Buch gelesen, dass der untere Rücken für Störungen und Schäden der sinnlichen Sexualität stehen. Komischerweise hat mir das der Oberarzt im Krankenhaus auch erzählt und gefragt, ob es in dieser Richtung irgendwie einmal Probleme gab oder gibt. Ich bin erstaunt, dass ein Arzt an solche Verbindung glaubt. Dabei ist dies doch eher Esoterik, als wissenschaftlich belegbar. Ich habe den Wink mit dem Zaunpfahl verstanden... danke Gott. Ich will schmerzfrei werden und werde weiter daran arbeiten, dass ich für mich sorge und mich liebevoll heile.“

Eine ambulante Reha, in der Cara spezielle Rückengymnastik lernte, gab ihr zu ihrer Psychotherapie eine ganzheitliche Behandlung für ihren Rücken, wie sie immer zu sagen pflegte. Es dauerte gut ein Jahr, bis sie schmerzfrei wurde. Ihr Rücken meldete hin und wieder, wenn sie sich übernommen hatte. Dann wusste sie, dass sie sich entspannen musste und dass da Dinge waren, die ihr zu schaffen machten. Ich meine, dass es wichtig gewesen wäre, sich mit dem besagten Bekannten auszusprechen und ihm zu vergeben, auch wenn sie nicht wusste, ob sie ihm was zu vergeben hatte. Vielleicht hätte sie es irgendwann geschafft, ohne sich davor zu fürchten, dass sie sich selbst dadurch verraten könnte. Hass im Herzen ist ungesund. An dieser Stelle möchte ich anmerken, dass ich große Hochachtung vor Ben habe. Er hatte eine harte Kindheit. Er hat seiner Mutter vergeben können – oder versteht zumindest, dass sie ihm nie Unrecht tun wollte - und lebt dadurch meist in Frieden. Gespräche mit ihm helfen mir dabei, ebenfalls solch eine Größe zu erlangen und auch, um Cara´ s Entschluss besser nachvollziehen zu können. Sie mochte es nie und konnte es auch nicht- ruhig daliegen, in sich hineinatmen und nichts denken.

Entspannung machte ihr Angst. Das bei- sich- ankommen machte ihr Angst. Sich selbst nahe sein, hat sie jedoch nach und nach lernen müssen. Ich erinnere, wie sie es dann durch Körpertherapie und halbherzigen Willen immer wieder versuchte. Das, wie sie immer sagte, machte sie unheimlich wütend. Sie wurde oft wütend, wenn sie sich fürchtete. Es dauerte lange, bis ich meine Freundin in dieser Hinsicht verstanden habe. Innere Unruhe trieb sie von sich selbst weg. Cara grübelte über alles und nichts – das machte sie wahnsinnig. Das muss wirklich furchtbar für sie gewesen sein. Einzig, wenn sie gekrabbelt wurde oder massiert, fand sich Stille in ihr ein. Vielleicht machte sie auch deshalb eine Weiterbildung zur Entspannungstherapeutin nach ihrem Studium. Alle Welt schreit ja immer auf, wenn Menschen Psychologie studieren und sich in diese Richtung weiterbilden: „Sich selbst therapieren, nee, das geht gar nicht. Wenn du es nur deswegen tust, kannst du dein Studium gleich wieder an den Nagel hängen." Viele Menschen hatten aber keine Ahnung, was Cara zu diesem Zeitpunkt bereits hinter sich hatte. Ich denke heute, ja, sie hat es auch für sich getan. Gleichzeitig war ihr immer klar, dass sie deshalb nicht schneller gesund werden würde. Ihr Rücken schrie und Cara hörte auf ihn.

Sie war im Übrigen wirklich wunderbar, wenn es um andere ging. Wie feinfühlig sie abschätzen konnte, wie sie Situationen gestalten musste, damit alle zufrieden waren. Es gelang ihr so oft, das es manchmal schon gruselig war. Aber eigentlich wollte ich gerade erzählen, wie sie am vierten Tag der Weiterbildung Autogenes Training kennenlernte. Dies funktionierte besser als Progressive Muskelentspannung. Die Formeln, die Cara vor sich hersagte, brachten solch eine Ruhe und tiefe Entspannung mit sich, dass sie nach jeder weiteren Übung mehr zu verstehen schien, wie sehr ihr solch eine Technik gefehlt hatte und sie war glücklich darüber, denn sie erfuhr, wie einfach es war, sich von negativen Gedanken zu lösen. Auch Angst ließ sich plötzlich besser kontrollieren. Angst war bis dahin das, was sie noch täglich quälend begleitete, obwohl sie sonst kaum noch die Borderline- Kriterien erfüllte.

19. Kapitel

Ich glaube, dass Cara sich bis zuletzt sehr einsam gefühlt hat. Gleichzeitig hatte sie sich gut eingelebt in ihrem Körper, ihrer Welt und auch der Welt um sie herum. Als sie nach langem Suchen Arbeit fand, war ihr Glück perfekt. Stolz lief sie jeden Tag zur Arbeit und versuchte Menschen, die in einer ähnlichen Situation waren, wie sie es auch nur zu gut kannte, ein Stück ihres Weges zu begleiten und zu unterstützen. Mal war sie wachsam, mal ertränkte sie bewusst ihren Verstand, und fand so für sich ein Gleichgewicht in einer Welt, die ihr nie wirklich gerecht werden konnte. Vermutlich veranlasste sie dieses Wissen dazu, sich doch noch in alte destruktive Verhaltensweisen zu stürzen. Es hatte lange gedauert, bis ich die Ähnlichkeiten zwischen ihr und Ben erkannte. Sie hatte lange geglaubt, dass er wesentlich weiter und erfahrener und reifer war, als sie. Doch das war nicht der Fall. Eines Tages, Cara war aus und hatte sich nichts daraus gemacht, dass er keine Lust hatte fortzugehen, kam sie nach Hause. Sie hatte sich nichts dabei gedacht, schließlich ging auch Ben öfter ohne sie aus und nahm sich heraus, sich das zu geben, was er brauchte. Lange hatte sie gekämpft, um zu akzeptieren, dass es nichts war, was er gegen sie tat. Er brauchte manchmal Platz zum Atmen und Freiraum, um wirklich mit sich sein zu können. Wenn sie zusammen waren, dann war es doch anders. Nicht schlechter, einfach ein anderes dasein. Sie kam also heim und rief mich am nächsten Tag völlig aufgelöst an. „Er hat gesagt, ich bin total scheiße. Warum? Ich habe ihm doch gar nichts getan... er sagt, es ist was anderes, wenn er aus geht. Das ist doch aber das Gleiche, oder? Als ich laut geheult habe, hat er fast gekotzt. Ich hab mich so schäbig gefühlt. Das hat so weh getan...“, hatte sie in den Hörer geflennt. Nun mag es sein, das ich parteiisch bin, aber ich fand, dass sie recht hatte. Jetzt wo Cara nicht mehr da ist, kann ich deutlich erkennen, was da in ihm vorging. Ich glaube, dass er sich allein gefühlt hat, dass er oft die Kontrolle brauchte – über sie, denn sie war sein Leben

geworden. Er hat sie gebraucht in diesem Moment, sorgte sich um sie, sah sich vielleicht sogar selbst und verabscheute dieses; sein Verhalten. Er war nicht sauer auf sie, er hatte das Gefühl ohnmächtig zu sein, weil er nicht „bewachen“, nicht steuern konnte, was Cara tat. Er konnte es nicht sagen in diesem Moment. Überhaupt gab es bis zuletzt sehr viel, was nicht ausgesprochen wurde, obgleich beide wussten, was sie anders machen konnten. Die Angst ins Ungewisse zu laufen, neue Wege zu gehen, siegte jedes Mal. Das kannte ich auch von Cara: Verachtung aus der puren Not heraus.
Cara wollte immer alles richtig machen. Sie heulte so laut, wie selten. Immer, wenn sie sich ungerecht behandelt fühlte, konnte sie vor lauter Verzweiflung nicht an sich halten. Sie wirkte dann immer wie eine hysterische Verrückte. Sie möge mir den Ausdruck verzeihen, aber ich kann es nicht anders beschreiben. Ob Ben jemals verstand, was an diesem Wochenende zerbrochen ist? Ich weiß es nicht. Und sicher wird er lesen, was ich hier über „unsere“ Cara schreibe und sich dagegen auflehnen und sagen, dass sie ihm mindestens genausoviel Verachtung entgegengebracht hat. Ich werde nicht wiedersprechen können. Aber eins weiß ich. Sie wusste immer, was sie an ihm hat und trotzte so mancher Situation, in der ihre gemeinsame Zeit auf die Probe gestellt wurde. Sie waren schon ein ungewöhnliches Paar. Sie standen bei allem für einander ein und gleichzeitig verletzten sie sich aber auch bis mitten in den wundesten Punkt ihres Herzens. Wer weiß, vielleicht gibt es das eine nicht, ohne das andere Extrem…
Für mich waren Ben und Cara jedenfalls der Beweis dafür, dass wir immer mit Menschen eine enge Bindung eingehen, mit denen wir entwicklungstechnisch auf einer Ebene sind. Das mag nicht jedem bewusst sein, aber achtet man einmal darauf, kommt man nicht drumherum, das eine oder andere auch bei sich wahr zu nehmen - was man an anderen liebt und am meisten, nicht ausstehen kann. Unsere Welt ist unser Spiegel. Das war auch das, was Cara an ihrem Beruf faszinierte. Sie hatte ein Faible für Menschen, die ihren Schatz noch

suchten. Cara sah ihn in jedem Menschen, beschäftigte sie sich nur lang genug mit jemandem. Außerdem kannte sie sich gut und sah immer auch sich selbst in dem anderen. Ich glaube, manche Spiegelbilder waren ihr nicht sehr angenehm. Aber eins muss ich ihr wirklich lassen, früher oder später schaute sie in jeden dieser Spiegel und blieb dadurch immer demütig.

20. Kapitel

Je mehr sie sich selbst spüren und akzeptieren lernte, desto mehr schienen andere sie nicht mehr verstehen zu können. Immer öfter kam es zu wirklich, in meinen Augen kindischen, in ihren Augen dramatischen Szenen. Ich weiß nicht genau, woran es lag – vielleicht war sie für andere zu unbequem geworden, weil sie klar und direkt sagte, was sie dachte und fühlte, ohne drei Minuten später ins Gegenteil zu kippen. Sie präsentierte ihre Gefühle und Gedanken während einigen Lebensphasen weitaus mundgerechter für die anderen. Sie wollte ja um jeden Preis geliebt werden. Cara hatte oft geweint in den letzten Tagen. Sie hat nicht verstehen können, dass Selbsterkenntnis und Weitblick immer auch Einsamkeit bedeuten - Alleinsein. Trotz Ben, ihrer Mutter, ihres Vaters, ihrer Schwester, ihrer Freunde, für die sie sich entschieden hatte, blieb sie doch sehr verwundbar. Cara verstand nicht, das viele Menschen in ihrer Umgebung frustriert blieben, sich von sich abwandten und einfach nicht erkennen wollten, was sie sich erarbeitet hatte. „Ich sag dir Lena", sagte sie an dem Tag, an dem wir uns das letzte Mal so klar sahen, wie nie wieder: „Immer und immer deutlicher zeigt sich, dass nur die Liebe zu sich selbst, Liebe auch zu anderen möglich macht. Wenn sie alle nur wüssten, dass sie eigentlich nicht sauer auf andere sind oder verletzt oder rachsüchtig oder hasserfüllt oder gemein. Es ist zu traurig! Wusstest du, dass das Gegenteil von Angst die Liebe ist?"

Ich spürte ihren Moment des Loslassens. Sie wurde still und zurück blieben ich und viele andere, die sie vielleicht auch vermissen werden. Als ich spürte, dass sie gegangen war, wurde mir warm ums Herz. Ich musste weinen – vor Erleichterung, vor Trauer, vor Angst, Zuversicht und Dankbarkeit.

Sie lebt in mir weiter, auch wenn sie ruhig geworden ist. Es tut mir manchmal noch ein bisschen leid, dass ich sie nicht schon als Kind kannte, denn ich glaube, sie hätte gut eine Gefährtin brauchen können -

damals schon, meine ich. Ich hoffe, dass sie wusste, dass ich es immer gut mit ihr gemeint habe.
Manchmal ist Cara sehr präsent, nämlich immer dann, wenn etwas in mir aus dem Gleichgewicht geraten ist. Sie erinnert mich immer daran, dass das Leben ein Balanceakt bleiben wird. Das finde ich schön, denn Langeweile habe ich noch nie gemocht. Aus einer unerträglichen inneren Quälerei habe ich mich nun herausgearbeitet und aus dem Drama Caras ein Abenteuer für mich erarbeitet. Cara konnte letztendlich nur gehen, weil ich nun stark genug bin, allein weiter zu gehen. Zu guter Letzt ist es an mir, meine Abschiedsworte an Cara zu richten, bevor ich nun die neue Bühne gestärkt und noch etwas unsicher betrete.

„Liebste Cara,
du bist und bleibst ein wichtiger Schatz für mich. Es gab mich noch nicht, als du mich dringend gebraucht hast. Jetzt sind wir ein ganzes Stück mit einander gegangen und du bist still geworden, weil ich dich gehört und nach deinen Bedürfnissen gehandelt habe. Ich bin dir so dankbar, denn durch dich habe ich mich in dir gefunden. Ich weiß, du wirst immer da sein und ich werde dich immer beschützen. Das weißt du jetzt, deshalb konntest du gehen. Ich liebe dich sehr und bin unheimlich stolz auf dich und das, was du erreicht hast. Du warst ein so tapferes Mädchen, hast viel aushalten müssen und bist an deinen Aufgaben gewachsen. Ich bin sehr, sehr stolz auf dich. Nun lass es dir gut gehen. Ich trage dich in meinem Herzen und übernehme die Führung für uns. Vor uns liegt ein lebenswertes, quirliges, aufregendes Leben. Ich freue mich darauf, dich ins Licht begleiten zu können, bis auch mich der letzte Herzschlag verstummen lässt. Bis dahin werden wir gestärkt – ich durch dich, du durch mich – das Hier und Jetzt leben und es wird Spaß machen. Unsere Zeit ist da, denn du hast so lange gedrängelt, bis ich dich sehen und an die Hand nehmen konnte. Ich danke dir, Cara. Jetzt darfst du ausruhen,

gleichzeitig bitte ich dich, dass du mich hin und wieder berätst und nicht aufhörst, an mich zu glauben.
Liebe, Hochachtung und tiefer Stolz erfüllen mich"

21. Kapitel

Ich blicke auf ein vergleichsweise kurzes und gleichzeitig emotional sehr turbulentes Leben zurück. Ich stehe mit beiden Beinen fest auf dem Boden und aufrecht.

Ich habe mich entschieden, der Moment ist mir sehr bewusst, das Leid loszulassen. Um das zu können, war es notwendig, eine gewisse Zeit durchzuhalten. Auch dieser Entschluss, diese Entscheidung kam von Innen; wie die klare und unkontrollierte Aufwühlung vor vier Jahren von Innen kam, als der besagte Bekannte mit mir auf der Hochzeit meiner Schwester sprach. Ich weiß bis heute nicht, ob die Wortwahl, der Tonfall, der Geruch, die Stimme oder eine Geste diesen Schlüsselmoment in mir auslösten, oder ob er als Mensch es war, der mich aufschrecken ließ.

Für mich spielt es nun keine Rolle mehr. Ich hatte lange nicht klar, dass das Loslassen von Leid und Schmerz und Fragen und Ängsten einer bewussten Entscheidung bedarf. Eine Entscheidung für meinen persönlichen Frieden; gegen das Kontrolliertwerden von Ungewissheit, Scham, Wahrheitssuche, Wehmut und Zorn.

Ich fühle mich freier denn je. Ich habe genug gekämpft. Es gibt Unmengen von Dingen, die größer sind als ich. Gleichzeitig weiß ich, dass ich sie; egal wie furchtbar oder wunderschön sie sind; für mich nutzen kann. Auch das ist eine Entscheidung, dies lernen zu wollen. Ich habe es nicht in der Hand wie Menschen in meiner Umgebung mit mir sind; ich kann meine Werte leben und hin und wieder hinterfragen. Das ist das, was ich tun kann. Alles andere liegt in der Verantwortung und den Möglichkeiten der anderen. So wie sie sich verhalten, leben; mit sich und anderen; so wird auch das Echo sein. Diese Erkenntnis ist mir ein wertvoller Schatz, der mich immer wieder lehrt, weiter zu wachsen, zu verstehen, zu vergeben, zu verlassen, zu lieben, zu atmen und mir selbst treu zu bleiben in dem stetigen Wandel, der geschieht, ob ich nun will oder nicht. Was nützt es mir, an Altem festzuhalten? Was habe ich davon, die Wahrheit zu erfahren; die sich doch immer im Blick des Betrachters wandelt? Es ist Zeit für Ruhe und es ist Zeit für das Hier und Jetzt.

All meine Erfahrungen, die mich lange quälten und traurig machten, sind doch letztendlich zu Fähigkeiten geworden. Es ist unglaublich schön zu wissen, dass jedes Leid in Stärke umgewandelt werden kann; lässt man ihm die nötige Zeit und den nötigen Raum und vertraut darauf, dass jedes System wieder ins Gleichgewicht finden kann. Jetzt bin ich in Frieden – jedenfalls meistens - und erlebe alltäglichen Frust wie Rechnungen zahlen, putzen, unfreundliche Kassiererinnen als belanglos.

Für mich ist es wichtig, dass ich mein Wissen weitergebe, dabei aber auch betone, dass es nur das ist, was ich mir erschlossen habe. Für einen anderen Menschen kann etwas ganz anderes richtig sein. Was mich wirklich richtig freut und was ich genieße, dass sind meine Kids, mit denen ich therapeutisch arbeite. Sie spüren mein ernsthaftes Interesse an Ihnen und egal, ob sie sich nun verändern möchten oder nicht, das Wohlwollen und ein Stück nebenherlaufen tut ihnen sichtlich gut. Der Rest - ist die Bereitschaft zur Veränderung erst da - kommt von ganz allein.

Das ist sowieso das größte Geschenk für mich; ich habe nicht aufgehört, die Menschen zu mögen.

Wir sind schon ein komisches Völkchen und völlig ungeeignet für diese Erde. Aber auch die Erschaffung Mensch ist etwas, dass ich nicht greifen kann und auch nicht möchte. Ich habe beschlossen, mir mein Leben angenehm zu gestalten – nach bestem Wissen und Gewissen - meine Liebe weiterzugeben und keine Energie mehr darauf zu verschwenden, Schuldige zu suchen.

Ob ich nun Angst habe oder Wut oder Frust - was war, das war; was ist, das ist; was kommt, das kommt. Das ist das Leben.

Danksagung

Ich danke allen, die mich in meinem Leben begleitet und getröstet und geläutert und begrenzt und zum Lachen gebracht und zur Weißglut getrieben und das Leben leichter gemacht haben.
Ich danke all denen, die mir die Hand gereicht und entzogen haben, die mich gelehrt und von mir gelernt haben.
Ich danke allen, die mich als Ganzes begriffen und all denen, die mich nicht verstehen werden.
Ich danke allen, die mich achten und denen, die den Mut aufgebracht haben, sich selbst in mir zu suchen.
In jedem Einzelnen von den Menschen und Situationen bin ich mir stückweise selbst begegnet und werde dies auch jedes mal wieder tun, auch als die Frau, die ich jetzt bin.
Danke an meine Familie (meine Großtante, Mama, Papa, meine Schwester, meine Cousine, mein Patenonkel), dass sie mir ihre Gedanken schenkten, die ich hier mit einfließen lassen konnte.
Danke auch an meine Therapeuten Dr. C. Stiglmayr und Rob Bennett für ihre professionelle Sicht und Unterstützung.
Danke an Rainer Menn und Margit für die Begleitung, das Mut machen, die Unterstützung – ich habe sie sehr geschätzt und gebraucht, um am Ball zu bleiben.

Weitere Links und hilfreiche Lektüre zum Thema

- http://www.luise-reddemann.de/literatur/hoerbuecher/
- http://www.amazon.de/gp/product/3794551419?ie=UTF8&tag=blumenwiesen-21&link_code=as3&camp=2514&creative=9386&creativeASIN=3794551419
- http://www.amazon.de/gp/product/3794525698?ie=UTF8&tag=blumenwiesen-21&link_code=as3&camp=2514&creative=9386&creativeASIN=3794525698
- Knuf A (2002). Leben auf der Grenze - Erfahrungen mit Borderline. Bonn: Psychiatrie-Verlag.
- Knuf A & Tilly C (2005). Das Borderline-Selbsthilfebuch; Psychiatrie-Verlag
- Kröger C & Unckel C (Hrsg.) (2006). Borderline-Störung. Wie mir die Dialektisch-Behaviorale Therapie geholfen hat. Göttingen: Hogrefe.
- Lawson CA (2006). Borderline-Mütter und ihre Kinder. Wege zur Bewältigung einer schwierigen Beziehung. Gießen: Psychosozial-Verlag.
- Mertz JM (2000). Borderline - weder tot noch lebendig. Stuttgart: Ferdinand Enke.
- Rahn E (2001). Borderline - Ein Ratgeber für Betroffene und Angehörige. Bonn: Psychiatrie-Verlag.
- Rösel M (2006). Wenn lieben weh tut. Ein Kommunikationsratgeber für Partner in der Borderline-Beziehung. München: Starks-Sture.
- Sender I (2000). Ratgeber: Das Borderline-Syndrom. Wissenswertes für Betroffene und Angehörige. München: CIP-Medien.

- http://www.borderline-netzwerk-berlin.de/index.php?id=22
- http://grenzgaenger-duisburg.de/
- http://katrinzeddies.de/
- http://tonage.de/e/i/audiodesign#mein_langer_atem
- http://www.rob-bennett.de/welcome%20deutsch.htm
- http://www.awp-berlin-online.de/

Printed in Poland
by Amazon Fulfillment
Poland Sp. z o.o., Wrocław

86801372R00060